农业部新型职业农民培育规划教材

*XIANGCUN LVYOU FUWUYUAN*

# 乡村旅游服务员

丁 鸿 主编

U0256431

中国农业出版社

# 编 写 人 员

主　编　丁　鸿
**参编人员**　吉根宝　李　涛　李萍萍　戴　帅

# ■ 编写说明

　　我国正处在加快现代化建设进程和全面建成小康社会的关键时期。我国的基本国情决定，没有农业的现代化就没有整个国家的现代化，没有农民的小康就没有全面小康社会。加快现代农业发展，保障国家粮食安全，持续增加农民收入，迫切需要大力培育新型职业农民，大幅提高农民科学种养水平。实践证明，教育培训是提升农民生产经营水平，提高农民素质的最直接、最有效途径，也是新型职业农民培育的关键环节和基础工作。为做好新型职业农民培育工作，提升教育培训质量和效果，农业部对新型职业农民培育教材进行了整体规划，组织编写了"农业部新型职业农民培育规划教材"，供各类新型职业农民培育机构开展新型职业农民培训使用。

　　"农业部新型职业农民培育规划教材"定位服务培训、提高农民技能和素质，强调针对性和实用性。在选题上，立足现代农业发展，选择国家重点支持、通用性强、覆盖面广、培训需求大的产业、工种和岗位开发教材。在内容上，针对不同类型职业农民特点和需求，突出从种到收、从生产决策到产品营销全过程所需掌握的农业生产技术和经营管理理念。在体例上，打破传统学科知识体系，以"农业生产过程为导向"构建编写体系，围绕生产过程和生产环节进行编写，实现教学过程与生产过程对接。在形式上，采用模块化编写，教材图文并茂，通俗易懂，利于激发农民学习兴趣。

　　《乡村旅游服务员》是系列规划教材之一，共有六个模块。模块一——基本技能和素质，简要介绍乡村旅游服务员应掌握的基本知识与技能，应具备的基本素质。模块二——服务礼仪，包括仪容仪表、形体仪态、表情神态、接待礼仪和交谈礼仪。模块三——导览服务，内容有导游导览、农产品导购服务、旅游故障处理。模块四——餐饮服务，包括餐前服务、餐中服务和餐后服务，附有食物中毒的预防与处理知识。模块五——娱乐服务，包括瓜果采摘服务、鱼塘垂钓服务和棋牌娱乐服务。模块六——住宿服务，内容有客房预订、入住登记、离店服务、和客房清扫。各模块附有技能训练指导、参考文献、单元自测内容。

# 目 录

模块一
基本技能和素质

# 1 知识与技能要求

　　乡村旅游是以农村自然风光、人文遗迹、民俗风情、农业生产、农民生活及农村环境为旅游吸引物，以城市居民为目标市场，满足旅游者的休闲、度假、体验、观光、娱乐等需求的旅游活动。乡村旅游服务员是开展乡村旅游活动时从事餐饮、住宿、康乐、导游、导购等服务的人员，乡村旅游大部分的从业人员都是由当地农民转型而来的。

　　乡村旅游服务员应具备以下基本知识和技能：

　　（1）树立正确的服务意识，做到主动、热情、耐心和周到。

　　（2）掌握正确的站、坐、行、蹲姿，了解服饰搭配，掌握面部修饰、肢体修饰、发部修饰及化妆修饰。

　　（3）熟悉问候用语、迎送用语、请托用语、致谢用语、应答用语，掌握寒暄、聆听、致歉、解释技巧。

　　（4）掌握餐厅的布置与舒适环境营造的方法。

　　（5）能提供适合客人用餐需求的服务。

　　（6）掌握正确的食品加工、制作、保存、运送知识。

　　（7）掌握餐桌的布置方法。

　　（8）掌握点菜、上菜、结账等服务技能。

　　（9）掌握客房设施设备的使用及客房整理技能。

　　（10）掌握卫生间整理技能。

（11）掌握问询礼貌用语。

（12）掌握房间安排、交接技能。

（13）掌握结账收款技能。

（14）了解正确的商品介绍及商务服务知识。

（15）了解食品营养基础知识和特色食品的营养、保健功能和疗效。

（16）了解烹饪基础知识。

（17）掌握环境卫生及个人卫生的整理和保持技巧，了解垃圾处理和污水处理的常识，会使用室内外常见清洁工具。

（18）掌握当地康乐项目的操作规范。

（19）了解农家旅游的基本政策，了解城市与农村的主要区别，懂得如何突出农家特色。

（20）熟悉导游解说词的编写规律，了解景点介绍的基本技巧，掌握特定景物的基本知识，普通话流利。

# 2 基本素质

## ■ 思想素质

### （一）职业道德

职业道德是具有自身职业特征的道德准则和规范。它规定人们应该做什么，不应该做什么。乡村旅游服务员应具备以下基本职业道德。

**1. 服务职业道德总原则。** 热情友好，客人至上。

**2. 真诚礼貌，诚信待客。** 服务人员在与客人交往时，应心存善意、以诚待人，对别人尊重和有礼貌的同时，自己也能够得到别人的信任和尊重。

**3. 理解宽容，敬人敬己。** 能够站在宾客的角度考虑问题，体谅宾客的难处，能够对宾客的喜、怒、哀、乐心领神会。宽宏大量，原谅宾客的过失。

**4. 不卑不亢,一视同仁。**基本要求是谦虚谨慎、自尊自强,以礼相待、热情周到地接待好每一位客人。

**5. 团结协作,互尊互帮。**工作时分工不分家,彼此协作,互相帮助是做好工作的前提,都应有助人为乐的精神。

**6. 敬业爱岗,提高技能。**忠于自己的工作,忠于自己的岗位,是取得同事、企业对自己满意评价的基础,是取得先于他人机会的条件。

## (二)职业态度

职业态度是指乡村旅游企业全体员工,在与一切乡村旅游企业利益有关的人和组织的交往中,所体现出来的为其提供主动、热情、周到服务的欲望和意识。现代社会顾客消费的已不再仅是菜品本身,菜品的质量、服务人员的服务态度是现在顾客选择消费的新标准。

---

**!温馨提示**

服务时多说一句,给顾客以温馨提示;多看一眼,把顾客记在心中;多帮一把忙,给顾客留下感动;多跑一步,拉近与顾客的心理距离。

主动,体现在"五勤":眼勤、耳勤、手勤、嘴勤、腿勤。

周到——"100减1小于0。"使人疲惫不堪的不是远方的高山,而是鞋里的一粒沙子。

---

## (三)行为规范

每一个服务人员应该遵守各项法律法规、规章制度,同时应服从乡村旅游企业的规定、服从领导的要求。

> **⚠ 温馨提示**
>
> 六不：不随意对他人品头论足、不谈论个人心经、不要把事推卸给同事、不干私活、不偷听他人电话、不打听探求别人隐私。
>
> 四要：卫生要主动做、个人负责区域要整洁、同事见面要问好、顾客要热情接待。

## ■ 心理素质

心理素质主要分为两个方面的内容：一方面是具备揣测客人的心理特征的能力，另一方面是服务人员应具备的心态和能力。

### （一）揣测客人的消费心理

**1. 求卫生的心理需求。** 基于自身健康安全的考虑，消费者十分注意饮食、住宿卫生，要求环境、食品、餐具及服务的卫生都有切实保障。

**2. 求快速的心理需求。** 体现两个方面：一是客人到达消费场所后，希望能快速提供所需服务而不愿等待。另一方面，在消费过程中，一般客人提出合理需求，希望服务人员能做出迅速反应。

**3. 求美的心理需求。** 现代社会消费者的消费实质上更侧重于一种精神上的愉悦，是一项综合性很强的审美活动，优美的环境更能刺激顾客的消费欲望。不仅要求饮食产品、餐具的形态美以及服务人员的仪表美，而且要求整个就餐环境舒适美观。

**4. 求新、猎奇的心理需求。** 游客到乡村旅游点消费，就是为了体验不同于自身生活环境的感觉。凡是新鲜的、奇特的事物总是引人注目，激励着人们的兴趣。

**5. 求尊重的心理需求。** 餐饮服务是人对人的服务。常言道："宁喝顺气汤，不吃受气饭"，若餐饮服务不能充分体现"顾客就是上帝"的宗旨，顾客在餐饮消费过程中得不到应有的尊重，其他的努力都将付之东流。

## （二）服务人员应具备的心态和能力

**1. 注意观察宾客的外貌特征。**从体貌、衣着可以对宾客特征做出初步的判断。对衣着考究的先生和穿着美艳的女性而言，他们需要就座于别人容易观察到的地方；而穿着情侣装的恋人，也希望受到别人的欣赏和羡慕，他们的座位也同样希望被安排在比较引人注目的位置上。身份地位较高的客人要求也高，会要求等值的服务。要学会正确辨别客人的身份，注意宾客所处的场合。宾客的职业、身份不同，对服务工作就有不同的需求。另外，宾客在不同的场合，对服务的需求心理也是不一样的，这就要求服务员应该根据宾客的不同性别、年龄、职业、爱好为宾客提供有针对性地服务。

**2. 注意倾听宾客语言。**通过对话、交谈、自言自语等，这种直接表达形式，有助于服务员了解到宾客的籍贯、身份、需要等。分析语言并仔细揣摩宾客语言的含义，有助于理解宾客所表达的意思，避免误解。例如：某餐厅来了几位客人，从他们的谈话中服务员了解到，一位宾客宴请朋友，既要品尝某道名菜，又想试试特色菜点，服务员主动向其介绍了餐厅的各种风味小吃，从烹制方法到口味特点、营养价值，说的客人馋涎欲滴，食欲大增，点了好几个菜，吃得津津有味，满意而归。

**3. 读懂客人的身体语言。**身体语言即无声语言。它比有声语言更复杂，可以分为动态和静态两种。动态语言即首语、手势语及表情语。静态语言为花卉语和服饰语，通过这些间接的表达形式可以反映出宾客是否接受、满意等。

**4. 仔细观察宾客的表情。**宾客的行为举止和面部表情往往是一种无声语言，宾客的心理活动可以从这方面流露出来。服务员通过对宾客面部表情如眼神、脸色、面部肌肉等方面的观察，从而做出正确的判断。例如：红光满面、神采飞扬是高兴、愉快的表现；面红耳赤是害羞或尴尬的表现；双目有神，眉飞色舞是心情兴奋、喜悦的表现；倒眉或皱眉是情绪不安或不满的表示。如：客人进了餐厅，服务员立即站在客人旁边等候客人点菜，这样会使客人感到不适甚至紧张，服务员应在递上菜单后，稍做停留退在一旁，给客人留有自行商量的空间，在客人抬头时，服务员应及时出现回答问题，自然地介绍及推销特色菜肴。在对客服务中学会察言观色。

**5.** 有较强的情感控制力。拥有乐观自信心态的人，无论是处于什么环境，都能够采取积极向上的态度，这种精神能保证一个人干好自己的工作。服务员的工作是一项脑力劳动和体力劳动高度结合的工作，特别是在旅游旺季的时候，客人络绎不绝，工作时间长，压力大，对服务员的体能是一种巨大挑战，这就需要服务人员能够有较强的情感控制能力。

### ■ 业务素质

### （一）敏锐的观察能力

一个观察力较强的服务员，在日常接待中能够关注到宾客的眼神、表情、言谈、举止等，发现宾客某些不明显却很特殊的心理动机时，会运用各种服务心理策略和灵活的接待方式来满足宾客的消费需求。为客人提供服务时，要通过细心观察了解客人的心理，投其所好，将自己置身于顾客的处境中，在客人开口言明之前将服务及时、准确地送到。

### （二）良好的语言能力

语言是服务员与顾客建立良好关系、留下深刻印象的重要工具和途径。顾客能够感受到的最重要的两个方面就是服务员的言和行。在服务过程中，对服务员的语言表达能力主要有两方面的要求：一是要准确表达所要表达的内容，做到言简意赅，语言清晰、通顺、连贯，有理有据，层次分明，目的明确。二是要注意措辞，选择适当的表达内容，既要有必要的手势等动作，又要用表情帮助表达。有条件的话，可适当学习一些旅游英语。

## （三）娴熟的操作技能

服务技能包括了服务技术和服务技巧两方面。服务技术指餐厅摆台，服务接待、客房铺床、清洁卫生等，具体标准通过科学的操作规程来体现。服务技巧是指在不同时间、不同场合，针对不同的服务对象而灵活做好服务接待工作，达到良好效果的能力。

## （四）丰富的专业知识

乡村旅游服务员除需要掌握礼仪知识、菜品知识、酒水知识、安全保卫知识、生活知识、法律知识外，还要了解关于乡村旅游点地区的发展情况、风土人情、风俗习惯等知识。与乡村旅游有关的专业知识，如农耕文化知识、民俗文化知识、园艺知识、园林知识、生态知识等。

## （五）良好的记忆能力

良好的记忆力对做好服务工作是十分重要的，它能帮助服务员及时回想在服务环境下所需的一切知识和技能。比如，记住客人的姓名非常重要，当第二次遇见客人时，服务员就能以其姓氏打招呼，那么会使客人倍感亲切，加深对旅游点的良好印象。

## （六）较强的交际能力

餐饮服务就是主客之间以各种方式进行交际，交际是实现服务工作的主要途径。服务员要重视给客人的第一印象，讲究仪表仪态美，微笑服务，态度真诚，为客人树立一个完善的服务表现。

## （七）灵活的应变能力

服务中突发性事件是屡见不鲜的，既有来自顾客单方面的，也有来自顾客与服务员之间的。突发事件的处理对于餐馆、酒店形象的树立非常重要，从中也能衡量出一个员工综合素质的高低。乡村旅游服务员遇到突发事件应具有能够妥善解决的能力。

## ■ 个人素质

### （一）健康的体魄

从业人员身体健康，有卫生部门核发的《健康证》。

### （二）良好的个人卫生习惯

注意公共卫生，不随地吐痰，乱扔杂物。

### （三）适宜的仪容、仪表、仪态

从事服务工作时应着工作服或指定的民族服装，穿着要整洁、得体，举止要大方、端庄、稳重，表情要自然、诚恳、和蔼；使用礼貌用语，做到语言准确、生动、形象。

学习笔记

# 模块二
## 服务礼仪

消费者不管在哪里消费，都希望有良好的氛围和优质的服务，所以不论多好的菜肴，服务人员的礼仪和态度都十分重要。乡村旅游服务员有必要学习服务礼仪知识，体现个人的修养和风度，能够使自己的仪容仪表仪态符合规范，达到礼仪要求，掌握各种姿态、表情和常用礼仪要领，在服务客人时体现出最好的风貌，进而提高乡村旅游点的吸引力。

# 1 仪容仪表

仪容仪表指人的外表，包括容貌、姿态、风度以及个人卫生等方面。它体现人的礼貌、教养和品味格调，见图2-1、图2-2。

### ▪ 服饰着装

服务人员在工作时一律穿着规定的工作服，也可选择所在的乡村旅游点地区的特色服饰，工号牌应端正地佩戴在左胸上方。

制服外观整齐、干净、挺括。制服需要整烫，上岗前要细心反复检查制服上是否有酒渍、油渍、酒味，扣子是否有漏缝和破边，要将衬衫纽扣扣好。

鞋子保持干净，皮鞋须擦得干净、光亮且无破损。男员工袜子的颜色应跟鞋子的颜色和谐，以黑色最为普遍。女员工应穿与肤色相近的丝袜，袜口不要露在裤子或裙子外边。

一般而言，服务员禁止佩戴任何饰品，结婚戒指和手表除外。

头发勤梳洗，发型朴实大方，不留长发、不蓄胡子，发梢不盖耳

表情自然，神态大方，面带笑容

勤漱口，不吃腥味、异味食物

戴正领带、领结

工号牌佩戴在左胸上衣袋口处

保持工服整洁，不脏、不皱、不缺损，勤换洗内衣、袜子

衣袋内不放与工作无关的物品

指甲常修剪，不留长指甲，指甲边缝内无污垢；不戴戒指、手链等饰物

勤洗澡，身上无汗味

皮鞋常擦，保持光亮；穿布鞋要保持清洁

图 2-1　男员工仪容仪表规范

## ■ 容貌修饰

### （一）发型

　　服务人员的发型应体现落落大方、富有朝气、干练稳重的特点，要适时梳理，保持头发清洁，不可有头皮屑；发型自然大方、得体、整齐，发色不宜夸张；不适合将头发染成红色或黄色等鲜艳的颜色。女员工的发型要求前不过眉、侧不盖耳、长发不披肩，短发不过肩；男员工发型前不过眉、后不过领、鬓不过耳，每天将头发梳理整齐，必要时要打啫喱水保持光亮，见图 2-3。

短发为宜，长发不能披肩

化淡妆，表情自然，神态大方，面带笑容

勤漱口，不吃腥味、异味食物

不戴耳环、项链等饰品

工号牌佩戴在左胸上方适当的位置

保持工服整洁，不脏、不皱、不缺损，勤换洗内衣、袜子

衣袋内不放与工作无关的物品

不戴戒指、手链等饰品；指甲常修剪，不留长指甲，不涂有色指甲油，指甲边缝内无污垢

勤洗澡，身上无汗味

皮鞋常擦，保持光亮；穿布鞋要保持清洁

图 2-2　女员工仪容仪表规范

图 2-3　服务人员的发型

## （二）面容

女员工的基本要求是化妆上岗，淡妆上岗，突出自然美——妆色柔和不露化妆痕迹。这样不仅能增强自信心，形成良好的自我感觉，同时也给客人一种清新、赏心悦目的视觉感受。在化妆时应努力使整个妆面协调，化妆后的最佳效果是给人以一种洁净、活力和自信的感觉。饭后必须补妆，但不得在公众场合补妆。不准浓妆艳抹或喷洒带刺激性气味的香水。男员工不必化妆，但脸部一定要显得干净，胡须每天刮一次，保持鼻孔清洁，平视时鼻毛不得露于鼻孔外，见图2-4。

| 1 洁面/护肤 | 2 涂粉底 | 3 修眉/描眉 | 4 上眼妆 |
| 5 涂口红 | 6 刷腮红 | 七步上妆法 |

图2-4　化妆的基本步骤

> ❗ **温馨提示**
>
> ### 化妆注意事项
>
> **1. 不要过分张扬。** 服务人员化妆以素雅为主，不突出性格，

不表现个性，更不要过分引人注意，要不留痕迹，给人"妆成有却无"的感觉。

2. 切忌岗上化妆。服务人员应在上岗前化好妆。

3. 勿以残妆示人。服务人员上班时，应经常检查妆容，发现残缺后，要及时进行补妆。

## （三）个人卫生

保持手部干净，指甲不允许超过指头两毫米，指甲内不残留污物。女士可适当涂无色或肤色指甲油，指甲油无脱落现象。

应经常洗澡防汗臭，勤换衣服。衣服因工作而弄湿、弄脏后应及时换洗。

上班前不吃有异味食品，保持口腔清洁，口气清新，早晚刷牙，饭后漱口。

保持眼、耳清洁，不残留眼屎、耳垢。

# 2 形体仪态

仪态是人的身体姿态，又称为体姿，包括人的站姿、坐姿、行姿、神态以及身体展示的各种动作。服务人员在服务时不仅要有一个好的体形和外貌，姿态也要优美。

## ■ 规范的站姿

服务人员的站姿密切地联系着岗位工作，适当的运用，会给人们挺拔俊美、庄重大方、舒展优雅、精力充沛的感觉。要掌握这些站姿，必须经过严格的训练，长期坚持，形成习惯。男员工与女员工由于性别的不同，在遵守基本站姿的基础上，应该稍有不同，这些不同主要表现在其手位与脚位。

规范的站姿要领：

（1）头部保持正直，两眼平视前方，表情自然放松。

（2）挺胸、收腹、立腰、夹臀。

（3）两腿夹紧，脚跟并拢，脚尖外展 $45°\sim60°$。

---

**! 温馨提示**

### 站立时的注意事项

（1）站立时，切忌无精打采或东倒西歪。

（2）双手不可在叉在腰间或抱在胸前

（3）不能将身体倚靠在墙上或倚靠其他物品做支撑点。

（4）不可弓腰驼背，两肩一高一低。

（5）双臂不摆，双腿不抖。

（6）不能将手插在口袋里，更不能做无意的小动作。

---

## （一）女员工的基本站姿

**1. 立正式。**在标准站姿的基础上，右手搭于左手之上贴于腹部或臀部。

**2. 丁字步式。**在标准站姿的基础上，两脚成丁字形站立，右手搭左手贴于腹部，见图 2-5。

## （二）男员工的基本站姿

**1. 庄重式。**双腿并拢或平行不超过肩宽，两手放在身体两侧，手的中指贴于裤缝。这种站姿适合比较庄重严肃的场合。

**2. 交流式。**双脚平行不超过肩宽，以 20 厘米为宜，左手在腹前握住右手手腕或右手握住左手手腕。这种站姿适合在工作中与客户或同事交流时使用。

丁字步式站姿　　　　　　　立正式站姿

图 2-5　女员工的基本站姿

**3. 迎宾式。**双脚平行不超过肩宽，以 20 厘米为宜，双手在背后腰际相握，左手握住右手手腕或右手握住左手手腕。这种站姿适合在迎宾时使用，见图 2-6。

### ■ 优雅的坐姿

坐如钟——正确的坐姿给人感觉比较稳重，反之则会感觉比较懒散。乡村旅游服务员在服务过程中应掌握正确的坐姿，体现服务人员的风采。

规范的坐姿要领：

（1）入座要轻缓，上身要直，重心要稳。

（2）双眼平视，下颌内收，双肩自然下垂，表情自然亲切，目光柔和，嘴微闭。

（3）手自然放在双膝上，双膝并拢，目光平视。

庄重式站姿　　　　　　　迎宾式站姿　　　　　　　交流式站姿

图 2 - 6　男员工的基本站姿

（4）正式的场合或是与客人谈话的时候，一般不要坐满整张椅子，更不能舒舒服服地靠在椅背上。正确的坐法是坐满椅子的 2/3 处，背部挺直，身体稍向前倾，表示尊重和谦虚，见图 2 - 7。

## （一）女员工的基本坐姿

腿进入基本站立姿态，后腿能碰到椅子，轻轻地坐下来，坐椅子 2/3，膝盖一定要并起来，不可以分开，脚可以放中间，也可以放在侧边，手则叠放于腿上。如果裙子很短的话，一定要小心盖住，见图 2 - 8。

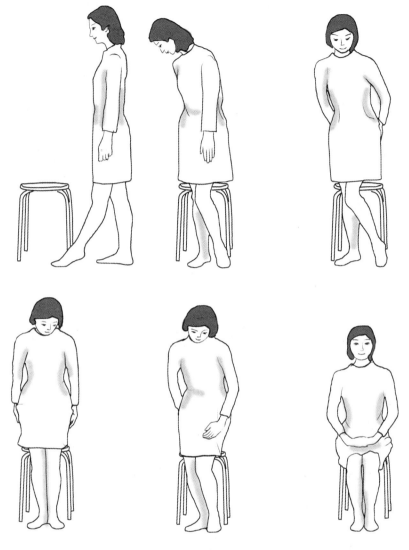

图 2-7　正确的入座程序

## （二）男员工的基本坐姿

上体挺直、胸部挺起，两肩放松、脖子挺直，下颌微收，双目平视，两脚分开、不超肩宽、两脚平行，两手分别放在双膝上。肩平头正、目光平和，坐立的时候还要注意双腿分开的宽度不要超过肩膀的宽度，两脚保持平行，两手自然放置，见图 2-9。

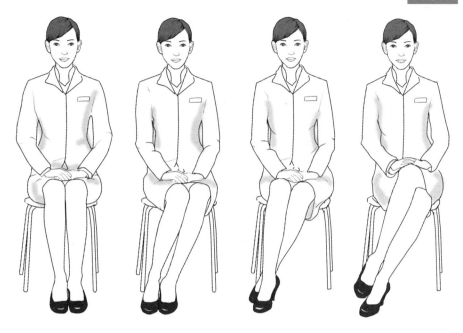

图 2 - 8　女员工的基本坐姿

图 2 - 9　男员工的基本坐姿

**! 温馨提示**

### 入座时的注意事项

（1）切忌二郎腿坐姿、搁腿坐姿、分腿坐姿和O型腿坐姿。

（2）入座时走到座旁，轻轻落座，避免扭臂寻座或动作太大引起座位移动及发出声响，离位时，站起动作要轻，离位时把椅子挪回原位，忌拖拉。

（3）女士坐姿有一个基本要求，那就是两膝不分开。

（4）一般讲究左入左出，就是如果条件允许，在入座的时候最好从座椅的左侧进去。这是"以右为尊"的一种具体体现，而且也容易就座。

（5）避免以下不雅坐姿：双腿叉开太大、双腿直伸出去、脚跟触地脚尖翘起、腿部抖动摇晃等。

## ■ 正确的行姿

服务员在工作时，行走是必不可少的动作。行姿是一种动态美，轻盈、稳健的行姿反映出积极向上的精神状态。

行姿通常以站姿为基础，面带微笑，目光平视；双肩平稳，双臂前后摆动自然且有节奏，摆幅以 30°～45°为宜；双肩、双臂都不应过于僵硬；重心稍前倾，步幅要适中，一般男士为 70 厘米左右，女士略小些。但也和身高有一定的关系。着装不同，步幅也不同，如女员工穿裙装（特别是旗袍或西服裙）和穿高跟鞋时，步幅应小些；跨出的步子应是脚跟先着地，膝盖不能弯曲，脚外和膝盖要灵活，富于弹性；走路时应有一定的节奏感，走出步韵来，见图 2-10。

### （一）女员工的规范行姿

（1）行走时两脚交替踏成一条直线。

图 2-10　员工行姿训练

（2）臂前摆时，肩部稍平送，后摆时，肩部稍平拉。

（3）若穿西服裙或高跟鞋时，步幅宜小，见图 2-11。

图 2-11　标准的行姿

## （二）男员工的规范行姿

（1）走路时两脚要交替前进在一直线上，脚跟要先着地，然后前脚掌着地，身体重心在脚。

（2）向前迈时立即跟上，不要落在后脚上，或是两脚之间。

（3）头正目平，保持处于垂直线上。双肩要齐平，双臂前摆时，手不得超越衣扣垂直线。

（4）肘关节微屈，手心向内，切忌甩臂与甩手腕。

## （三）引领客人的行姿

（1）引导客人行进时，走在客人的右前方或左前方，保持两三步距离。

（2）送别客人时，应走在客人的左后方，距离约半步。

（3）与客人边走边聊时，走在客人的右边。行进速度适中，不可跑步。

（4）在行进过程中，要注意方便和照顾其他的客人，不要与客人抢行，必要时，应给客人让路。

---

### ⚠ 温馨提示

#### 行走时的注意事项

（1）行走时，服务人员一般靠右侧。与客人同行不能抢行，在通道行走若有客人对面走来，要停下来靠边，让客人先通过，但不可把背对着宾客。遇有急事或手提重物需超越走在前的宾客时，应向客人表示歉意。

（2）走路时身体的重心应稍稍向前，步伐稳健，步履自然，跨步均匀。走路的姿态表明此人处理问题的能力。

---

（3）行走时步伐要适中，多用小步，忌讳大步流星和脚擦着地面拖拉行走，更严禁奔跑（危急情况除外）行走，忌讳挺胸扭臂等不雅动作，更不能在行走时出现明显的下反"八字脚"。

（4）在任何地方遇到客人或上司都要主动让路，不得强行正路走，在单通行或通道门口不可俩人挤进挤出，遇到客人、上司和同事都应主动退后，并微笑做出手势"您先请"。

（5）任何时候行走时不得哼歌曲、吹口哨、跺脚以及扭捏态、做鬼脸、眨眼、照镜子等，不得将任何物品夹于腋下。

## ■ 大方的蹲姿

蹲姿，一般用在取低位物品或清洁卫生时，应尽量美观、大方，保持端庄的职业形象。下蹲时两腿合力支撑身体，避免滑倒，应使头、胸、膝关节在一个角度上，使蹲姿优美。女士无论采用哪种蹲姿，都要将腿靠紧，臀部向下。主要有以下两种规范的蹲姿：

### （一）高低式蹲姿

下蹲时左（右）脚在前，右（左）脚稍后（不重叠），两腿靠紧向下蹲。左（右）脚全脚着地，小腿基本垂直于地面，右（左）脚脚跟提起，脚掌着地。右（左）膝低于左（右）膝，右（左）膝内侧靠于左（右）小腿内侧，形成左（右）膝高右（左）膝低的姿态，臀部向下。基本上以膝低的腿支撑，见图2-12。

### （二）交叉式蹲姿

下蹲时，右（左）脚在前，左（右）脚在后，右（左）小腿垂直于地面，全脚着地，左（右）腿在后与右（左）腿交叉重叠，左（右）膝由后面伸向右（左）侧，左（右）脚跟抬起，脚掌着地，两腿前后靠紧，合力支撑身体。臀部向下，上身稍前倾，见图2-13。

图 2-12　高低式蹲姿　　　　　　图 2-13　交叉式蹲姿

弯腰捡拾物品时，两腿叉开，臀部向后撅起，是不雅观的姿态，见图 2-14。

图 2-14　不雅的捡拾动作

### ◾ 得体的手势

手势是服务工作不可缺少的动作，是富有表现力的一种"体态语言"。得体适度的手势，可增强感情的表达，起到锦上添花的作用。手势主要运用体现在请、让、送、引领客人，递物接物、招手致意。

### （一）基本手势

五指并拢，手心向上与胸齐，以肘为轴向外转；引领时，身体稍侧向客人；走在客人左前方 2～3 步位置，并与客人的步伐一致；拐弯、楼梯使用手势，并提醒"这边请""注意楼梯"，见图2-15。

图 2-15　基本的引领手势

### （二）手势的合理运用

**1.** 点人。点人的时候，掌心向上，五指伸开，口念："第一位，第二位……。"见图 2-16。

图 2-16　正确的点人手势

**2.** 指人、指物、指方向。应当是手掌自然伸直，掌心向上，手指并拢，拇指自然稍稍分开，手腕伸直，使手与小臂成一直线，肘关节自然横摆式。适用于在表示"请进""请"时常用这个手势。可分单臂横摆式和双臂横摆式。单臂横摆式：手臂向外侧横向摆动，指尖指向被引导或指示的方向，双臂横摆式：两臂从身体两侧向前上方抬起，两肘微曲，向两侧或一侧摆出，适用于来宾较多时，见图2-17。

图 2-17　横摆式手势

（2）曲臂式。当一只手拿东西，同时又要做出"请"或指示方向时采用。以右手为例，从身体的右侧前方，由下向上抬起，至上臂离开身体45°的高度时，以肘关节为轴，手臂由体侧向体前的左侧摆动，距离身体20厘米处停住；掌心向上，手指指尖指向左方，头部随客人由右转向左方，面带微笑，见图2-18。

（3）直臂式。适用于需要给宾客指方向时或做"请往前走"手势

图 2-18　曲臂式手势

图 2-19　直臂式手势

时。动作要领是：手臂向外侧横向摆动，指尖指向前方，手臂抬至肩高，用手指向来宾要去的方向。一般男士使用这个动作较多。注意指引方向，不可用一手指指出显得不礼貌，见图 2-19。

　　（4）斜臂式。手臂由上向下斜伸摆动，适用于请人入座时，见图 2-20。

图 2-20　斜臂式手势

> ## ⊘ 温馨提示
>
> ### 工作时禁止使用的手势
>
> 1. 不卫生的手势。主要有在他人面前搔头皮、掏耳朵、挖眼屎、抠鼻孔、剔牙齿、抓痒痒、摸脚等手势。
> 2. 不稳重的手势。主要有双手乱动、乱摸、乱举、乱扶、乱放，咬指尖、折衣角、抬胳膊、抱大腿、拢头发等手势。
> 3. 失敬于人的手势。用手指指点他人，掌心向下挥动手掌，与人谈话时背手等手势。

# 3 表情神态

## ■ 眼神

良好的交际活动时，眼神（目光）应是坦然、亲切、和蔼有神的。在服务过程中，应放松精神，把目光放广一些，不要聚焦在客人脸上的某个部位，而要用眼睛看着客人的三角部位，即以双眼为上线，嘴为下顶角，也就是双眼和嘴之间，这时会营造出一种良好的社交气氛。

眼睛是心灵之窗，眼睛能准确地表达人们的喜、怒、哀、乐等一切感情，服务人员应学会正确地运用目光，为客人创造轻松、愉快、亲切的环境与气氛，消除陌生感，拉近关系。目光运用的具体要求：

### （一）热情柔和

见面时，要面带微笑正视对方片刻，显示出喜悦、热情的心情。对初见面的人，还应微微点头，表示出尊敬和礼貌。接待客人时，无论是问话答话、递物、收找钱款，都必须以热情柔和的目光正视客人的眼部，向客人行注目礼，使之感到亲切、温暖。

## （二）目光平视

在目光运用中，正视、平视的视线更能引起人的好感，显得礼貌和诚恳。应避免俯视、斜视。俯视会使对方感到傲慢不恭，斜视易被误解为轻佻。比如站着的服务人员和坐着的客人说话，应稍弯下身子，拉平视线；侧面有人问话，应先侧过脸去正视客人再答话。

## （三）注视时间

在社交场合下与人交谈，目光相对只应一瞥而过，迅速转向面部；注视时间一般在 5～7 秒，不可长时间盯视对方。

## （四）表达问候

当距离较远或人声嘈杂、言语不易传达时，服务人员应用亲切的目光表示歉意，不使客人感到受冷落。

## （五）注视位置

目光盯视是不礼貌的，而把目光死盯着对方某一部位，也是失礼的。在社交场合注视对方的范围是以两眼为上限，下颌为顶角的倒三角区域，见图 2-21。

图 2-21　亲切的目光

> **⚠ 温馨提示**
>
> ### 眼神使用的注意事项
>
> （1）与客人交谈时，注视客人时间的长短很重要。通常，为了表示友好和尊重，注视客人的时间应占全部相处时间的 1/3 左右。
>
> （2）交谈时，不要俯视客人，必须正视客人，让他有受尊重的感觉。
>
> （3）不要对客人频繁地眨眼或挤眉弄眼，这会给客人留下轻浮、不稳重的印象。

## ■ 微笑

微笑是服务人员的第一项工作。美国社会学家亚当斯指出："在问题还没发生之前，我就用微笑把他笑走了，至少将大问题变成了小问题"。

### （一）规范得体

服务员微笑时要神态自若，双唇轻合，眉开眼笑，目光有神，热情适度，自然大方，规范得体。

### （二）主动微笑

想要成为一位成熟或者训练有素的员工，在与客人目光接触的同时献上你的一个微笑再开口说话，这样，就由你创造了一个友好热情而且对自己有利的气氛和情境，肯定会赢得对方的满意。如果对方微笑在先，必须马上还以礼仪微笑。

### （三）最佳时长

微笑最佳时间长度以不超过 7 秒钟为宜。时间过长过给人以傻笑的感觉，反而尽失微笑的美韵。

## （四）最佳启动时间

当目光与客人接触的瞬间，要目视对方启动微笑。启动微笑的基本方法是：先要放松面部肌肉，然后嘴角微微向上翘起，让嘴唇略呈弧形。微笑的启动与收拢都必须做到自然，切忌突然用力启动和突然收拢，见图2－22。

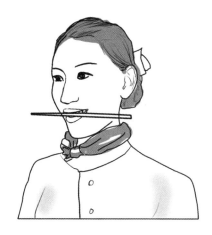

图 2－22　微笑练习

### 微 笑 的 分 类

以微笑的幅度分大致可归类为一度、二度、三度。

一度微笑：嘴角自然上扬，显示出自然温和的感觉。

二度微笑：嘴角明显上扬，显示出亲切关注的感觉。

三度微笑：嘴角大幅上扬，露出6～8颗牙齿，显示出热情积极的感觉。

对一般迎接顾客可启动一度微笑，对熟客或商务活动中可启用二度微笑。

含笑　　　　　　　　微笑　　　　　　　　轻笑

# 4 接待礼仪

## ◼ 问候礼仪

问候，也就是问好、打招呼，是服务人员在和客人相见时，以语言和动作向对方致意的一种方式。问候是人们见面时最简便、最直接的礼节，主要适用于迎接客人时及当对方向自己问好时等。

（1）问候时要争取主动，当别人问候自己之后，要立即给予回应。

（2）问候时要热情，问候别人的时候，通常要表现得热情、友好。毫无表情或者表情冷漠的问候不如不问候。

（3）问候时要自然，问候别人的时候态度要主动、热情，表现得要自然而大方。矫揉造作、神态夸张或者扭扭捏捏，反而会给人留下虚情假意的不好印象。

（4）问候时要眼含笑意，注视对方的两眼，以示口到、眼到、意到，专心致志。不要在问候对方的时候，眼睛已经看到别处，让对方不知所措。

（5）问候要声音清晰、响亮，称呼方式要符合对方的情况，见图

2 – 23。

图 2 – 23　热情的问候

## ▪ 介绍礼仪

　　介绍礼仪是礼仪中的基本内容和重要内容。介绍就是自己主动沟通或者通过第三者从中沟通，使双方相互认识的方式。服务人员在自我介绍时，应注意介绍方式要力求简洁，主要介绍自己的姓名、身份，有时可以把自己的姓名同名人的姓氏或是常用名词相结合，以增强别人的记忆，必要时可互换名片。当尚未被介绍给对方时，应耐心等待；当自己被介绍给对方时，应根据对方的反应做出相应的反应。如对方主动伸手，你也应及时伸手相握，并适度寒暄。为他人作介绍，就是介绍不相识的人相互认识或是把一个人引荐给其他人相识沟通的过程。被介绍时，除女士和年长者外，一般应起立并面向对方。但在宴会桌上、谈判桌上可不必起立，被介绍者只要微笑点头，相距较近可以握手，远者可举右手致意。介绍他人时需要注意以下几点：

### （一）介绍顺序

　　把男士介绍给女士，把晚辈介绍给长辈，把客人介绍给主人，把未婚者介绍给已婚者，把职位低者介绍给职位高者，把本公司职务低的人介绍给职务高的客户，把个人介绍给团体，把晚到者介绍给早到者。这种介绍顺序的共同特点是尊者居后，以表示尊敬之意。

## （二）神态与手势

作为介绍人在为他人作介绍时，态度要热情友好，语言要清晰简洁。在介绍一方时，应微笑着用自己的视线把另一方的注意力吸引过来。正确手势应掌心向上，胳膊略向外伸，指向被介绍者，但介绍人不能用手拍被介绍人的肩、胳膊和背等部位，更不能用食指或拇指指向被介绍的任何一方，见图 2 - 24。

图 2 - 24　介绍时的手势

## （三）介绍陈述

介绍人在作介绍时要先向双方打招呼，使双方有思想准备。介绍人的介绍语宜简明扼要，并应使用敬词。在较为正式的场合，可以说："尊敬的威廉·史密斯先生，请允许我向您介绍一下……"、"李总，这就是我和你常提起的徐博士。"在介绍中要避免过分赞扬某个人，不要给人留下厚此薄彼的感觉。

在介绍别人时，切忌把复姓当做单姓，常见的复姓有"欧阳""司马""司徒""上官""诸葛""西门"等，比如不要把"欧阳明"称为"欧先生"。当介绍人为双方介绍后，被介绍人应向对方点头致意或握手为礼，并以"您好""很高兴认识您"等友善的语句问候对方，表现出结识对方的诚意。介绍人在介绍后，不要随即离开，应给双方交谈提示话题，可有选择地介绍双方的共同点，如相似的经历、共同的爱好和相关的职业等，待双方进入话题后，再去招呼其他客人。当两位客人正在交谈时，切勿立即给其介绍别的人。

## ■ 握手礼仪

握手是人们见面时相互致敬的最普遍方式。握手时，做到有礼节。双方在介绍之后，互致问候时，待走到一步左右的距离，双方自然伸出右手，手掌略向前下方伸直，拇指与手掌分开并前指，其余四指自然并拢，用手掌和五指与对方相握并上下摇动。握手时应注意上身略向前倾并面带微笑，正视对方眼睛以示尊重；左手贴着大腿外侧自然下垂，手中不能持物，以示专一，用力适当，边握手边致意，比如："您好！""见到你很高兴！"等。握手的时间不宜过长，一般以3～5秒为宜。男性与女性握手时，男方只需轻握一下女方的四指即可，见图2-25。

　　女士握手　　　　　　　常规握手　　　　　　　异性握手

图2-25　握 姿

一般来说，握手的次序一般遵循"尊者决定"的原则。在长辈与晚辈、上级和下级之间，应是前者先伸手；在男士与女士之间，应是女士先伸手；在主宾之间，应主人先伸手，但客人辞行时，应是客人先伸手，主人才能握手告别。在平辈朋友之间，谁先伸手谁有礼；当别人不按惯例已经伸出手时，应立即回握，拒绝握手是不礼貌的。

## ! 温馨提示

### 握手注意事项

（1）握手时双目应注视对方，微笑致意或问好，强调"五到"，即：身到、笑到、手到、眼到、问候到。

（2）多人同时握手时应顺序进行，忌交叉握手。

（3）拒绝对方主动要求握手的举动是无礼的，但手上有水或不干净时，应谢绝握手，同时必须解释并致歉。

（4）男士与女士握手时，一般只宜轻轻握女士手指部位。

（5）男士握手时应脱帽，切忌戴手套握手。

（6）被介绍之后，一般不要立即主动伸手（有时年长者、职务高者用点头致意代替握手）。

## ■ 递送礼仪

服务过程中时常需要向客人递送东西，服务人员应掌握正确的递送礼仪知识。

（1）递送时上身略向前倾。

（2）将文件或证件等递送物品的正面向上并朝向对方。

（3）双手接取或递送，轻拿轻放。

（4）杯子要拿中下部，避免手部触碰杯口。

（5）递送笔、剪刀之类的尖锐物品时，避免尖锐部分对向对方。

（6）别针之类的小东西，可以将其托在纸上或夹在上面递给对方，见图2-26。

图 2 - 26　递送物品

## 递送或接收名片的礼仪

**1. 递送名片。**双手食指和拇指执名片的两角，以文字正向对方，一边自我介绍，一边递过名片。名片要保持清洁，不要递出脏兮兮的名片。

**2. 接收名片。** 一般需要起立，双手捧接对方名片。接过对方的名片仔细看一遍，不明之处要请教，并表示感谢。

应将名片放在易于取放的地方，如放在名片夹中或上衣口袋中。不要将名片放在裤袋中。

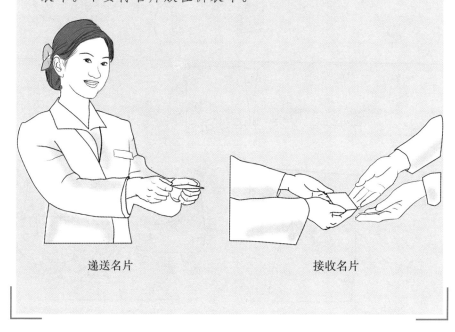

递送名片　　　　　　　　　　　　　　接收名片

■ 鞠躬礼

鞠躬是为了表达对客人的尊敬或感激之情，服务人员必须注意这方面的礼节。

（一）鞠躬的正确姿势

身体立正站好，双脚跟并拢脚尖微微打开。以腰部为轴，上身随轴心运动向前倾斜，头部与上身成一条直线，不要低头。目光随之落在自己身前1～2米处或对方的脚尖上，鞠完躬后目视对方面带微笑。女士双手虎口相对自然重叠在身前，男士两手伸直放在腿两侧，中指贴于裤缝，见图2-27。

图 2-27　标准的鞠躬礼

## （二）鞠躬时的注意事项

（1）一般情况下，鞠躬时必须脱下帽子。

（2）鞠躬时眼睛向下看，切勿一面鞠躬一面翻起眼睛看着客人。

（3）鞠躬时，嘴里不能吃东西或叼着香烟。

（4）鞠躬时，不要矫揉造作，装腔作势，应表现自然。

（5）在直起身时，双眼应该有礼貌地注视着客人。

### 鞠躬时不同角度的示意

15°：你好、请稍等。

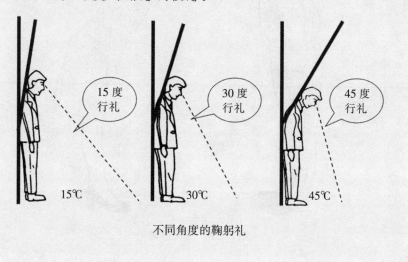

30°：欢迎光临、谢谢、请慢走。

45°：对不起、非常抱歉、十分感谢。

90°：更深度的谢意或歉意。

不同角度的鞠躬礼

## 电话礼仪

（1）接打电话时应面带微笑，同时要保持姿势端正，声音清晰明朗，不然就会有一种不认真、漫不经心的感觉。音量最好较普通聊天稍大，但也不能太大，以免让对方觉得刺耳，只要保证对方听清楚就可以了。

（2）语言简明扼要，重点突出。接电话时通常电话铃声不能超过三声，拿起电话的第一句话应说："早上好/下午好/晚上好/您好"，"×××部门，高兴为您服务。"

（3）正确理解对方的目的、意图，确认并记录。

（4）挂电话时，应说"再见""谢谢"等敬语，然后轻轻放下电话。

（5）当对方打错电话时，应礼貌地告诉对方："对不起，这里是×××，您可能打错了。"

表 2－1　电话用语

| 错误用语 | 正确用语 |
| --- | --- |
| 你找谁？ | 请问您找哪位？ |
| 有什么事？ | 请问您有什么事？ |
| 你是谁？ | 请问您贵姓？ |
| 不知道 | 抱歉，这是我不太了解。 |
| 我问过了，他不在！ | 我再帮你看一下，抱歉，他还没回来，您方便留言吗？ |
| 没这个人！ | 对不起，我再查一下，您还有其他消息可以提供吗？ |
| 你等一下，我要接个别的电话。 | 抱歉，请稍等。 |

# 5 交谈礼仪

交谈要使用语言。语言是服务人员与客人交流的一种工具，得体的语言是服务工作的基本要求。

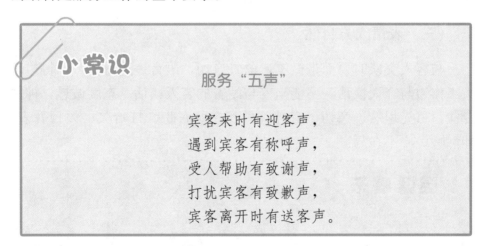

小常识

服务"五声"

宾客来时有迎客声，
遇到宾客有称呼声，
受人帮助有致谢声，
打扰宾客有致歉声，
宾客离开时有送客声。

## ▌服务语言的基本要求

服务语言要使客人听起来感到亲切。说话时，语调要低，吐字要清楚，语言要规范，音调要亲切、柔和。交谈时要谦逊、有礼貌。要使用礼节性、交往性、选择性、专业性语言。了解方言土语，使客人感觉易于交往。语言要大众化、口语化。

服务语言要准确。要尽量做到用词恰当，词语明了，表达准确。避免使用大概、可能等含糊词语。要使用健康、文雅、庄重的语言，杜绝粗俗、贬斥、挖苦、讽刺的语言。

## ▪ 交谈的技巧

### （一）控制音量和音高

服务人员在与客人沟通时需注意控制音量和音高，尽量控制在彼此刚好听到为佳，同时应避免声音高于客人。

### （二）耐心倾听

有的服务人员因为自己工作忙就嫌客人说话啰嗦，经常打断客人的谈话，这是一种非常不礼貌的待客方式。如果连客人把话讲完的权利都不给，又如何体现"宾客至上"呢？

### （三）表情大方自然

与客人交谈时要面带微笑，语气亲切，语言表达得体。不得边埋头工作边与客人谈话。不能坐着与站着的客人谈话。态度诚恳，神情专注，目光坦然、亲切、有神。忌：左顾右盼、打哈欠、频频看表、伸懒腰、心不在焉。

### ⚠ 温馨提示

**交 谈 禁 忌**

1. 不打探客人隐私。五不问：不问年龄，不问婚否，不问经历，不问收入，不问健康。六不谈：不要非议党和政府（维护国家的形象和尊严），不要涉及国家秘密与商业秘密，不能随便非议交往对象，不在背后议论领导、同行和同事，不谈论格调不高的话题（凶杀、暴力、小道消息），不涉及个人隐私问题。

**2.** 不用服务忌语。面对残疾的客户，切忌使用"残废"这个词。一些不尊重残疾人的词语，诸如"傻子""侏儒""瞎子""聋子""瘸子"等不可用。接待体形不太理想的人士时，比如胖人说"肥"、个子低说"矮"都是大忌。对客人不友好的话不能说，比如"你住得起吗?""没钱还来干什么""一看就是穷光蛋"等。

## 参考文献

安光义，柳瑞武.2010.乡村旅游服务员培训教程.石家庄：河北科学技术出版社.

金正昆.2011.礼仪金说（第二版）.西安：陕西师范大学出版社.

杨音乐，张淑平，史慧俊.2012.乡村旅游服务员培训教程.北京：中国农业科学技术出版社.

## 单元自测

### 判断题

1. 仪容是个人仪表的重要组成部分，由发式、面容以及人体所有未被服饰遮掩的皮肤（如手部、颈部）等内容构成。（　）

2. 男士头发需勤洗，无头皮屑，且梳理整齐；不染发，不剃光头，不留长发：以前不掩眼、侧不盖耳、后不触衣领为宜。（　）

3. 男士要保持手部的清洁，养成勤洗手勤剪指甲的良好习惯，指甲不得长于1厘米。（　）

4. 女士要保持手部的清洁，指甲不得长于2毫米，可适当涂无色指甲油。（　）

5. 标准站姿是脚跟并拢，脚呈"H"字形分开，两脚尖间距约

一个拳头的宽度。男士可双脚平行分开，略窄于肩；女士可两腿并拢，两脚呈"丁"字形站立。（　　）

6. 在拾取低处的物件时，应保持大方、端庄的蹲姿。一脚在前，一脚在后，两腿向下蹲，前脚半着地，小腿基本垂直于地面，后脚跟提起，脚掌着地，臀部向下。（　　）

7. 微笑是人类最富魅力的体态语言，微笑既是一种人际交往的技巧，也是一种礼节。（　　）

8. 在商务交往活动中，女性化妆是出于对交往对象的尊重，对于化妆的基本原则是"化妆上岗，浓妆上岗。"　　（　　）

9. 在电话礼仪中，谁先挂电话都可以。（　　）

10. 坐在椅子上，应坐满椅子的2/3，脊背轻靠椅背。（　　）

11. 尊者、长者不主动交换名片时，合适的做法是可委婉提出，不宜直接索取。（　　）

## 技能训练指导

### 一、微笑练习

对着镜子做微笑，要领是：口腔打开到不露或刚露齿缝的程度，嘴唇呈扁形，嘴角微微上翘。根据多次的练习，总结自己如何微笑才会最自然。

### 二、眼神练习

凝视远方片刻，然后以某一特定事物为目标，眼珠呈"W"型地向上、向下，从左到右、从右到左缓慢移动，反复几次后闭目休息片刻，然后突然睁开眼睛，凝视远方片刻，继而眼珠按"口"型方向上、向右、向下、向左顺时针转动，再逆时针做一次，反复多次直到眼球略感疲倦为止。也可以采用"注视—虚视—环视—扫视—注视"的方法来练习。

### 三、站姿训练

**1. 单人训练法。**身体保持在一条直线上，让后背、脚后跟、臀部、肩膀及后脑完全紧贴墙壁，保持自然呼吸，腹部收紧，面部放松，自然微笑。每天训练 15 分钟，坚持一个月，完美的体态将呈现在你眼前。

**2. 双人训练法。**两个人为一组，背靠背站立，尽量让两人的脚跟、小腿、臀部、双肩、后脑都紧贴在一起，每次训练 15 分钟。

**3. 道具训练法。**训练时在头顶平放一本书，为了塑造腿部美感，最好在两腿中间夹上一张纸片，站立时保持面部微笑，呼吸自然。训练过程中要求头部的书和两腿间的纸片不能落地，身体保持平衡状态，每天训练以 10 分钟为宜。

学习
笔记

# 模块三

## 导览服务

　　乡村旅游服务员在景区内进行导游导览工作，需具备导游员的基本素质与能力。同时，乡村旅游服务员还需具备一定的旅游产品知识和导购能力。

## 1 导游导览

### ■ 乡村导游认知

　　导游在我国是一个热门的职业，随着我国旅游业的发展，导游员

图 3-1　导游服务

队伍不断扩大。在我国拥有《导游证》的人群中，绝大多数是30岁以下的年轻人，在旅游行业中形成了一个充满活力的、富有时代感的群体。

导游员是指按照《导游人员管理条例》的规定取得中华人民共和国导游员资格证书，接受旅行社的委派，为游客提供向导、讲解及相关旅游服务的人员。在乡村旅游点内的导游人员属于"地陪"导游员或景点讲解员，景点导游只需要经过岗前培训取得上岗证，而不需要取得《导游证》。

### 导游员的类型

导游员的类型通常可以按业务范围、职业性质、技术等级和语言标准进行划分。

**1. 按业务范围分。** 可分为海外领队（简称领队）、全程陪同导游员（简称全陪）、地方陪同导游员（简称地陪）和景点景区导游员。

**2. 按职业性质分。** 可分为专职导游员和兼职导游员。

**3. 按技术等级分。** 可分为初级导游员、中级导游员、高级导游员和特级导游员。

**4. 按使用语言分。** 可分为普通话导游员、外语导游员、地方方言导游员和少数民族语言导游员。

### （一）主要职责

通常来讲，导游员的主要职责是：实施旅游和接待计划、组织和接待旅游者、讲解和翻译、维护安全和处理问题等。乡村导游员的职责是主要负责景点景物的讲解、旅游者的接待、维护安全和问题处理。

### （二）基本素质要求

**1. 良好的职业道德和高度的责任感。** 乡村导游员肩负着为旅游者游览和生活服务的责任，涉及游客、乡村旅游景点和自身的经济利益，因此自觉地遵纪守法、维护职业道德，这是对乡村导游的最基本的素质要求。奉行游客至上，质量第一的服务宗旨，加强自身教育，公私分明，自尊自爱。

**2. 一定的文化水平和广泛的乡村旅游知识。** 乡村导游需具有一定的知识，除文学、艺术、历史、地理等直接有关知识外，还涉及农学、林学、美学、心理学、建筑学、民俗学、医学，甚至摄影、摄像、花卉虫鸟等知识。没有一定的文化水平和广泛的旅游知识是不能胜任的。

**3. 熟悉导游工作业务。** 乡村导游员的主要业务是乡村旅游中的讲解服务和生活服务，还包括业务联系和后勤工作。乡村导游员不仅要十分熟悉景区内外的旅游线路，知晓景区的来龙去脉，而且应当熟知景区内外的交通、旅馆、餐厅、商店、停车场，甚至厕所的方位等，如此才能顺利地做好导游工作。

**4. 较好的组织能力和应变能力。** 乡村导游员是景区内旅游团体活动的主要组织者和直接指挥者，因此需要具有一定组织能力和应变能力。导游的组织能力主要表现在，景区内的旅游活动有张有弛，对不同类型的游客要根据情况组织旅游活动，如老年游客要多安排休息，而年轻游客则更要注重他们求知及安全方面的问题。在旅游过程中，可能会发生溺水、患病、失窃等意外事件，导游要具有临危不慌、排除困境、处理难事的各种应变能力。

**5. 较好的语言表达能力。** 口头表达能力主要表现为具有较强的语言组织能力，做到措词得当、讲解生动、语言流畅。讲解时要求声音洪亮、口齿清晰、富有节奏。游客来自祖国各地，讲解一定要用普通话。

6. 健康的体魄和充沛的精力。导游的职业特点要求在带团游览过程中始终保持最佳精神状态和旺盛的服务热情。

## ■ 服务流程

### （一）准备工作要求

在上团之前要做好准备工作，这是乡村导游员提供良好服务的重要前提。

1. **熟悉接待内容。** 乡村导游员在旅游者抵达之前，应认真熟悉景区景点、客人情况及相关旅游信息，根据不同类型游客的需求，做好配套的旅游服务计划。

2. **做好准备工作。** 乡村导游员上团前应做好必要的准备，带好景区派发的《接待计划书》、导游（导览）证、导游旗、随身讲、应急联系卡、结算凭证等物品。

### （二）接待游客

在游客抵达景区景点后，乡村导游员应热情、友好的接待旅游者，及时提供游览行程中的相关信息，使旅游者了解在本地参观游览活动的概况。

在游客接待中心的指挥下，导游员在游客抵达之前到达接团地点准备接待游客，旅游团抵达后，与对方领队或地陪了解旅游者情况，核对人数。

致欢迎词，详细介绍游览活动情况以及注意事项等，如果景区较大需派发应急联系卡。

根据旅游者需要，落实交通、食宿等事宜。

## 致 欢 迎 词

　　导游的欢迎词是导游员在初次接触旅游团（者）的时候，进行自我介绍和对游客表示欢迎的一段导游词。乡村导游员一般选择在游客进入景区之前在旅游车上或在景区门口，或者在游客进入景区之后在景区内为游客致欢迎词。欢迎词的内容应根据旅游团的性质和游客的文化水平、职业、年龄、地区等特点有所不同。导游词的语言应生动、活泼、结合当地特点同时也要简单明了。致欢迎词时的态度应热情友好，真实诚恳，给旅游者留下美好印象。

　　欢迎词的内容通常有以下几部分：对旅游者表示问候，自我介绍，代表景区和本人表示欢迎，表明竭诚服务的愿望，预祝游程愉快等。

## （三）入住服务

　　如果旅游团在景区内住宿，导游员应带领旅游者尽快办理好入店手续，游客进入房间之前，导游员应向旅游者介绍乡村旅游企业基本情况、就餐形式、地点、时间，并告知有关活动的时间安排。游客进住房间过程中，应确保客人取到行李，帮助游客了解住店注意事项，熟悉当天或第二天的活动安排，导游员在结束当天活动离开乡村旅游企业之前，应安排好叫早服务。

## （四）景点导览、讲解

游客抵达景点后，导游员应对景点进行讲解。讲解内容应繁简适度，包括该景点的历史、特色、地位、价值等方面的内容。讲解的语言应生动，富有表现力。

在景点导览的过程中，导游员应保证讲解在计划的时间内进行，旅游者能充分地游览、观赏，做到讲解与引导游览相结合，适当集中与分散相结合，劳逸相结合，并应特别关照老弱病残幼的旅游者。

在景点导览的过程中，导游员应注意旅游者的安全，要自始至终与旅游者在一起活动，并随时清点人数，以防旅游者走失。

## （五）就餐服务

旅游者就餐时，乡村导游的服务应包括：引导旅游者到餐厅入座，简单介绍餐馆及其菜肴的特色，介绍餐馆的有关设施，向旅游者说明餐饮产品中需自费的情况，解答旅游者在用餐过程中的提问，解决就餐中出现的问题，满足旅游者其他合理的饮食需求。

## （六）购物服务

旅游者购物时，导游员应向旅游者介绍本地商品的特色，随时提供旅游者在购物过程中所需要的服务，如翻译、介绍托运手续等。

## （七）观看文娱节目服务

旅游者观看计划内的文娱节目时，导游员的服务应包括：引导旅游者入座，简单介绍节目内容及其特点，耐心解答旅游者的问题。在旅游者观看节目过程中，导游员应时刻谨防意外事件发生。

## （八）结束当日活动服务

旅游者在结束当日活动时，乡村导游员应询问其对当日活动安排的意见和建议，并告知次日的活动日程、出发时间及其他有关事项。如果旅游者当天就离开景区，在当日导游活动结束前要进行道别，致

欢送词。如果旅游者当日在景区内住宿，导游活动结束后，引导客人
进入酒店就餐和住宿。

### 致 欢 送 词

全部景点参观结束后，导游员需要向游客致欢送词，表
示欢送之意。欢送词是否能讲好，关系到游客对景区的最后
印象，是乡村旅游的重要环节。欢送词一般在旅游线路的结
束点进行讲解。欢送词主要表达对游客的惜别之情和祝福之
意，其内容主要包括：对游览的内容进行总结，对游客的合
作表示感谢，希望游客对导游和景区的服务提出意见和建议，
表达祝福和期盼重逢之意。

### （九）送站服务

如果旅游者在景区内游览一日以上，在旅游者即将结束本地参观
游览活动时，乡村导游员应确认交通票据及离站时间，通知旅游者移
交行李和与乡村旅游企业结账的时间，离开乡村旅游企业前，导游员
应与旅游企业行李员办好行李交接手续，应诚恳征求旅游者对接待工
作的意见和建议，并祝旅游者旅途愉快，将交通和游览费用及佣金票
据等费用证明移交给旅游者，在旅游者所乘交通工具启动后方可
离开。

### （十）遗留问题处理

下团后，乡村导游员应认真处理好旅游者的遗留问题，如旅游者

的投诉，旅游者寄送物品的要求等。

# 2 农产品导购服务

## ■ 乡村旅游商品知识

　　随着乡村旅游的发展，越来越多的乡村旅游景区（点）出现了满足旅游者购物需求的具有当地乡村特色的旅游产品，包括土特产、旅游纪念品、旅游工艺品、旅游活动用品等。乡村旅游商品的开发和销售不仅能够满足旅游者的购物需求，同时还可以宣传旅游地的形象，传承当地的民俗文化，还可以带动当地农民特别是农村妇女的就业。我国各地乡村旅游的特色商品见表3-1。

表3-1　我国各地乡村旅游特色商品

| 地　区 | 乡村旅游特色商品 |
|---|---|
| 北　京 | 北京鸭梨、京白梨、怀柔板栗、门头沟薄皮核桃、大兴西瓜、大磨盘柿、密云金丝小枣、少峰山玫瑰花、顺义中国结、门头沟麦秸画、大兴黑陶工艺品、顺义骨制工艺品、大兴面人、通州面塑、剪纸 |
| 天　津 | 小枣、木雕、风筝、对虾、地毯、红果、泥人张彩塑、板栗、砖刻、核桃、鸭梨、剪纸、漆器、牙雕和玉雕、红小豆、沙窝萝卜、杨柳青年画、银鱼、盘山柿子、紫蟹、锅巴菜 |
| 河　北 | 承德山楂、水晶饼、丝糕、吉祥菜、沙棘、坎上酸膜、核桃、黄花菜、猕猴桃、棒子、赵州雪花梨、兴隆红果、沧州金丝小枣、宣化葡萄、京东板栗、涉县核桃、口蘑、祁州药材、沙北血杞、白洋淀松花蛋、回民扒鸡、沧州冬菜、永佳木雕、曲阳石雕、武强年画、白洋淀苇编织品 |
| 山　西 | 晋祠大米、沁州黄米、大同黄花、平顺花椒、山西潞麻、垣曲猴头、稷山枣、临漪石榴、汾阳核桃、清徐核桃、山楂、山西党参、黄芪、上党连翘、平陆百合、桑落酒、太谷饼、闻喜煮饼、平遥牛肉、临漪酱玉瓜、大同沙棘 |
| 内蒙古 | 驼毛、山羊皮、灰鼠皮、猞猁皮、鹿茸、王府肉苁蓉、党参、枸杞、黄芪、黑木耳、发菜、鹿胎、麝香、熊胆、水獭、旱獭皮、驼形蒙古组合刀、蒙古族银器 |
| 辽　宁 | 辽宁苹果、辽西秋白梨、榛子、山楂、辽阳香水梨、北镇鸭梨、大连黄桃、孤山香梅、香蕉李、软枣、猕猴桃、板栗、对虾、海参、海带、文蛤、鲍鱼、扇贝、贻贝、大连湾魁蚶、香螺、梭子蟹、紫海胆、蛤蜊岛沙蚬、裙带菜、大骨鸡、昌图豁鹅、水貂、紫貂、柞蚕、柞蚕丝绸、关外米仁、酸枣仁、什锦小菜、天女木兰、丹东杜鹃、五味子、人参、鹿茸、细辛、沈阳羽毛画、大连贝雕画 |

（续）

| 地　区 | 乡村旅游特色商品 |
|---|---|
| 吉　林 | 人参、园参、党参、五味子、贝母、细辛、木通、天麻、黄芪、龙胆、草苁蓉、甘草、刺五加、桔梗、山葡萄、越橘、越橘酒、苹果梨、猕猴桃、猴头、黑木耳、梅花鹿茸、熊胆、李连贵熏肉大饼、吉林白肉血肠、清蒸松花江白鱼 |
| 黑龙江 | 榛蘑、蕨菜、松茸、猴头蘑、元蘑、椴树蜜、黑木耳、猕猴桃、橡子、榛子、松子、白瓜子、紫梅酒、香梅酒、山葡萄酒、鹿茸、鹿肾、熊胆、人参、西洋参、紫貂皮、水貂皮、水獭皮、猞猁皮、貉子皮、香鼠皮、灰鼠皮、麝鼠皮、奶酪、方火腿 |
| 上　海 | 上海水蜜桃、三林糖酱瓜、佘山兰笋、松江回鲴鲈、枫泾西蹄、崇明金瓜、高桥松饼、嘉定大白蒜、嘉定竹刻、崇明水仙花、硕绣、蓝印花布、张江腰菱、新长发糖炒栗子 |
| 江　苏 | 雨花茶、樱桃、百合、葡萄、剪纸、苏州茉莉花茶、浒关草席、桃花坞木刻年画、碧螺春茶叶、蜜栈、太仓糟油、藕粉圆子、扬州剪纸、酱菜；镇江工艺彩灯、丹阳面塑、丹阳封缸酒、水晶肴蹄、东乡羊肉、刀鱼、纯正香麻油、金山翠芽茶叶、酱菜、鲥鱼、常熟山前豆腐干、水蜜桃、叫化鸡、花边、宝岩杨梅、金扑蟹、桂花酒、鸭血糯、绿毛龟、盘香饼、虞山绿茶、虞山松树、徐州山楂糕、小孩酥糖、丰县红富士苹果、羊方藏鱼、沛县冬桃、鼋汁狗肉、捆香蹄、窑湾绿豆烧、银杏、青方腐乳、原甜油、淮安大头茶、淮城蒲菜、宜兴毛笋、板栗、如皋白园萝卜、香芋、薄荷脑、泰兴白果、高邮双黄蛋、阜宁大糕、伍佑糖麻花、伍佑醉螺、白蒲茶干、宜兴紫砂陶器、惠山泥人、南通蓝印花布 |
| 浙　江 | 西湖龙井花茶、惠明茶、平水珠茶、江山绿牡丹茶、天月清顶茶、华顶云雾茶、硕清紫笋茶、络麻、杭菊、浙贝、白术、白芍、元胡、玄参、麦冬、镇海金橘、温州瓯柑、奉化水蜜桃、萧山杨梅、超山梅子、塘栖枇杷、义乌南枣、昌化山核桃、长兴白菜、金华佛手、湖州雪藕、龙泉香菇、天目笋干、绍兴霉干菜、绍兴香糕、绍兴麻鸭、叫花童鸡、糟鸡、金华火腿、平湖糟蛋、茴香豆、茶油青鱼干、柯桥豆腐干、龙山黄泥螺、西店牡蛎、萧山花边、双林绫绢、杭州绢锦、瓯塑、东阳木雕、黄杨木雕、青田石雕、湖州羽毛扇、善琏湖笔、宁波草席、竹编、金丝草帽、富阳土纸 |
| 安　徽 | 歙砚、徽墨、八公山豆腐、郝圩酥梨、香草、银鱼、大救驾（糕点）、亳州白芍、阿胶养血膏、亳菊、剪纸、苏山毛峰、祁门红茶、太平猴魁、砀山酥梨、黄水猕猴桃、来安花红、黟县香榧、黄山石耳、大别山木耳、巢湖银鱼、元为熏鸡、阜阳剪纸、青阳折扇、龙舒贡席、池州白麻纸、怀远石榴、宣州板栗、天柱剑毫、九华山黄石溪毛峰、桐城小兰花茶、萧县葡萄、三潭枇杷 |
| 福　建 | 枇杷、龙眼、荔枝、菠萝蜜、坪山柚、文旦柚、橄榄、天宝香蕉、凤梨、柑橘、海田鸡、金定鸡、扇贝、鲍鱼、东山龙虾、津浦对虾、紫菜、武夷岩茶、铁观音、福州茉莉花茶、古田瓶栽银耳、香菇、凤尾菇、福建蜜饯、馆溪蜜柚、漳州芦柑、闽笋、石狮甜粿、安海捆蹄、蚝煎、清泉茶饼、香珠香袋、马蔺草编、平潭贝雕、寿山石雕、角梳、纸伞、福州软木画、漳州棉花画、漳州贝雕 |

（续）

| 地 区 | 乡村旅游特色商品 |
|---|---|
| 江 西 | 景德镇山珍食货、乐平狗肉、竹编工艺瓷、桂花鲜姜酱菜、浮红茶叶、迁糖、南昌李渡高粱酒、茉莉南昌银毫、珠格枇杷、绢扇、藜蒿腊肉、雪枣坯、南丰蜜橘、上饶早梨、猕猴桃、云雾毛尖茶、婺源绿茶、万年顶米、信丰红瓜子、鄱阳湖银鱼、龙兴铺灯芯糕、兴国牛皮糖薯干、安福火腿、南安板鸭、九江桂花茶饼、婺源墨、土纸、尖峰水竹凉席、万载夏布 |
| 山 东 | 济南芦笋、油旋、明月香稻、面塑、鲁绣、阿胶、大果旦杏、纪庄大青梨、姚村凉席、楷雕、碑帖、烟台苹果、烟台大樱桃、苹明梨、肥城桃、乐陵金丝小枣、大泽山葡萄、泰安板栗、曹州牡丹、平阳玫瑰花、莱州月季、潍县杨家埠木板年画、海参、鲍鱼、高密蜜枣 |
| 河 南 | 洛阳牡丹、开封大京枣、兰考葡萄、百子寿桃、朱仙镇木版年画、花生糕、安阳天花粉、内黄大枣、安阳"三熏"、糖油板枣、永城枣干、水城辣椒、南瓜豆沙糕、信阳毛尖、孟津梨、灵宝苹果、贵妃杏、广武石榴、鹿邑草帽、南阳烙花、汝阳刘毛笔、水晶石、汴绣、沙南芝麻与小磨麻油、金银花、黄河鲤鱼 |
| 湖 北 | 江陵九黄饼、千张肉、无铅松花蛋、五香豆豉、酥黄蕉、散烩八宝饭、襄樊天麻、大头菜、半夏、金黄蜜枣、隆中茶、蜈蚣、薏仁米、莲子、黄石、九资何茯苓、湖北贝母、苎麻、黄麻、仙人掌茶、宜红茶、玉露茶、青砖茶、黑木耳、银耳、香菌、孝感麻糖、沙湖盐蛋、桂花糕、荆州酸甜独蒜、柑橘、核桃 |
| 湖 南 | 菊花石雕、铜官陶器、湘粉、湘绣、湘莲、君山茶、古丈毛尖、商桥银峰和湘波绿、偈滩茶、黄花菜、薏米、玉兰片、油茶、苎麻、白蜡、金橘、安江香柚、中华猕猴桃、白芷、永州薄荷、白术、玄参、湘黄鸡、淑浦鹅、龟蛇酒、松花皮蛋、米粉、益阳水竹凉席、祁阳草席、一土家锦 |
| 广 东 | 凤凰菜、五指山菜、九峰白毛菜、英德红茶、荔枝、槟榔、黄登菠萝、杨桃、菠萝蜜、荔枝蜜、香蕉、椰子、龙眼、木瓜、潮州柑、何首乌、麦秆贴画、潮州抽纱、香包、新会葵扇、清平鸡、东江盐焗鸡、三黄胡须鸡、太爷鸡、潮汕膏蟹、沙井鲜蚝、万宁燕窝、海龟、透明马蹄糕、沣塘马蹄粉、纯正莲蓉月饼、吴州海蜇皮、沙河粉、拉肠粉、及第粥、春饼、盲公饼、油头烙饼 |
| 广 西 | 罗汉果、沙田柚、荔枝、香蕉、柑橙、金橘、木菠萝、菠萝、桂圆、芒果、山楂、山葡萄、恭城目柿、黄皮菜、灌阳红枣、扁桃、猕猴桃、白果、八角茴油、香菇、甜菜、甘蔗、白糖、玉林优质谷、薏米、东南墨米、环江香粳、靖西香糯、木薯、动物药酒、蛤蚧、灵香草、金银花、桂皮、灵芝菌、安息香、田七、茯苓、漓江鱼、桂林刺绣、壮锦、毛南族花竹帽、钦州昵尖陶器、桂林羽绒及其制品、漓江鹅镞石雕与石画、环江凉席 |
| 海 南 | 椰花、椰角、椰糯糕、椰香酥饼、椰片糖、椰子粉、椰子酱、生煮咖啡粉、速溶咖啡粉、椰奶咖啡粉、腰果仁、胡椒粒、胡椒粉、胡椒根、胡椒蔓、牛肉干、芒果干、益智果、番石榴、鱿鱼干、贝类、海参、琼脂、布莱特香兰（红、绿）茶、白沙绿茶、澄迈椰仙苦丁茶、东山岭鹧鸪、鹿龟酒、金岳玉液、坡马酒、槟榔酒、地瓜酒 |

（续）

| 地　区 | 乡村旅游特色商品 |
|---|---|
| 重　庆 | 合川桃片、山城夜食、金钩豆瓣、木洞桔饼、永川松花皮蛋、豆豉、油酥米花糖、荣昌折扇、荣昌夏布、荣昌陶器、柑橘橙柚、涂山香肚、峨眉牌重庆沱茶、冰糖麻饼、麸醋、怪味胡豆 |
| 四　川 | 泡菜、卤漆制品、瓷胎竹编、蜀笺蜀绣、蜀锦、糖油果子、阆中松花皮蛋、保宁蜡、宜宾面塑、自贡开花白糕、扎染、自贡红橘、自贡牦牛肉、荣县剪纸、柑橘、合川大红袍、泸州桂圆、阿坝苹果、潼南黄桃、金川雪梨、佘江荔枝、巴山核桃、麝香、白芍、杜仲、虫草、天麻、白芷、大黄、川楝、川木香、川贝母、玉京、附子、泽泻、川芎、朱砂莲、红花、川明参、黄龙香米、红橘酒、粉丝、天府花生、叙府陈年糟蛋、叙府小磨麻油、剑门火腿、染山竹帘、安岳竹席、竹藤器、南充竹帘画、宋笔、会理绿陶、广元百花石刻 |
| 贵　州 | 遵义杜仲、苗锦、尚稽豆腐皮、桃花、海龙米、通草堆画、棕竹牛角手杖、丝绸、刺绣、遵义吴茱萸、遵义油百姓朴、黄花菜、遵义毛峰、侗绣围腰、镇远接桃、镇远羊场茶、镇远道菜、羊艾毛峰、都匀毛尖、湄江茶、香菇、黑木耳、银耳、黑糯米、香米、薏仁米、天麻、麝香、茯苓、党参、三穗鸭、赏农金黄鸡、独山腌酸菜、都匀太师饼、蜡染、荔波凉席、牙舟陶器、三穗斗笠 |
| 云　南 | 山茶花、牙雕制品、民族服装服饰、过桥米线、烧风度、烧火腿、烧豆腐、蜡染制品、大理草帽、大理雪梨、大理石工艺品、扎染布、白族服饰、苍山杜鹃花、丽江云木香、天麻酒、竹荪、窨酒、象牙芒果、无眼菠萝、宝珠梨、梅子、八角、猴头菇、蜂蜜、黑木耳、松茸、鸡枞、三七、虫草、砂仁、云归、玫瑰大头菜、傣族烧鱼、香芋草烤鸡、创川木雕、锡制工艺品、腾冲玉器、版纳地毯、纳西披星戴月衣、傣族竹编、傣族筒帕 |
| 西　藏 | 木碗、冬虫夏草、灵芝、围裙、青稞酒、金耳、雪莲花、藏红花、藏腰刀、藏羚羊角、麝香、腰刀、藏香、旱獭皮、人参果、胡黄连、藏被、藏靴、藏装、氆氇 |
| 陕　西 | 西安扎染、木偶、刺绣、剪纸、戏人泥哨、临潼石榴、彩画泥偶、延安红枣、杏仁、延安剪纸、苹果、核桃、韩城把笤帚、韩城花椒、韩城南糖、天麻、杜仲麝香、牛手参、厚朴、牛黄、沙苑子、银耳、华县大接杏、秦冠苹果、火晶柿子、洋县香米、洋县黑米、紫阳毛洋茶、韩州锅盔、牛肉干、潼关酱笋、榆林柳编、岚振藤编 |
| 甘　肃 | 发菜、薇菜、蕨菜、康县木耳、兰州百合、黄花菜、甘谷辣椒、兰州香桃、临泽红枣、河西沙枣、沙棘、陇南猕猴桃、陇南甜柿、天水花牛苹果、冬果梨、软儿梨、兰州白兰瓜、苦水玫瑰、紫花苜蓿、芨芨草、黄芪、岷县当归、沙漠肉苁蓉、锁阳、甘草、祖师麻、兰州刻葫芦、洮砚、兰州水烟 |
| 青　海 | 雪莲花、青贝母、秦艽、西宁大黄、冬虫夏草、柴达木枸杞、西宁地毯、鹿茸、蕨麻、菜花蜜、白蘑菇、昆仑彩石 |
| 宁　夏 | 银川丁香肘子、甘草、发菜、枸杞、香酥鸡、沙棘、"大青"葡萄、山杏、西瓜、蚕豆、马莲、枸杞袋泡茶、肖桐峡柳编、固原鸡 |
| 新　疆 | 喀什无花果、巴旦杏、石榴、甜瓜、喀什工艺品、葡萄及葡萄干、哈密瓜、香梨、野苹果、雪莲、红花、新疆贝母、西马茸、肉苁蓉、甘草、和田玉、紫貂皮、啤酒花 |

## ■ 乡村旅游商品导购

### (一) 导购服务的原则

（1）旅游者购物自愿原则，尊重旅游者需求，不得强制或诱骗旅游者购物。

（2）安排购物前需讲清购物时间及注意事项。

（3）当遇到不良商贩或出现假冒伪劣商品时，导游员有义务维护旅游者的合法权益。

### (二) 导购服务的内容

（1）真实客观地向旅游者介绍商品的产地、特色、制作工艺和艺术价值等商品知识。

（2）在旅游者购物过程中耐心、细致地解答旅游者的提问。

（3）合理安排旅游者的购物次数和购物时间。旅游者的购物次数应按照接待计划的安排执行。每次旅游购物的时间应视旅游者的具体情况和购物店的具体情况而定，不宜太长，一般以一个小时左右为宜，不能超过两个小时。

（4）帮助旅游者办理大件商品的托运手续。

### 新疆哈密大枣介绍

各位团友：

　　大家好！

　　来到哈密，不能不吃哈密的水果。新疆素有"瓜果之乡"的美誉，哈密是新疆著名的瓜果之乡，这里不仅因盛产哈密瓜驰名中外，而且还以盛产哈密大枣誉满天下。下面我简单为大家介绍一下哈密大枣。

哈密大枣是红枣家族中一个相对独立的优良品系，是在新疆哈密山南平原戈壁的特定气候条件下生长的果中珍品。这种大枣的特点是果实个大、肉厚、皮薄，含糖量高，富含锌和维生素，色泽紫红具光泽，无污染，甘甜爽口，宜于鲜食和制成干果。

哈密大枣的营养和保健价值极高，素有"天然维生素丸"之美称。哈密栽培大枣已有 2 000 多年的历史，清代曾作为皇宫的贡品。

哈密大枣含有 18 种人体必需的氨基酸及铁、锌、钙、钯、镉、铬等营养元素。哈密大枣非常适合长期贮藏，极少腐烂、发霉，晾干后干不变形，皱纹也不多，这也是哈密大枣的一个显著特点。

那常吃哈密大枣有什么好处呢？

好处可多着呢，请听我一一为您介绍。

第一，哈密大枣能提高人体免疫力，并可抑制癌细胞生长，药理研究发现，红枣能促进白细胞的生成，降低血清胆固醇，提高血清白蛋白，保护肝脏，红枣还可以抑制癌细胞，甚至可以使癌细胞向正常细胞转化。

第二，经常食用鲜枣的人很少患胆结石，这是因为鲜枣中丰富的维生素 C，使体内多余的胆固醇转变为胆汁酸，胆固醇少了，结石形成的概率也就随之减少。

第三，哈密大枣富含钙和铁，它们对防治骨质疏松和产后贫血有重要作用，中老年人更年期经常会骨质疏松，正在生长发育高峰的青少年和女性容易发生贫血，大枣对他们会有十分理想的食疗作用，其效果通常是药物不能比拟的。

第四，哈密大枣对病后体虚的人有良好的滋补作用。

第五，哈密大枣所含的芦丁是一种使血管软化从而使血压降低的物质，对高血压病有防治功效。

第六，哈密大枣还可以抗过敏、除腥臭怪味、宁心安神、益智健脑、增强食欲。

第七，常吃哈密大枣可以使女士更加光彩焕发、养颜驻容，所谓"白里透红，与众不同"。

好了，说了这么多哈密大枣的好处，大家一定想吃上几颗或买一些带回家送给亲戚朋友，孝敬长辈，大家不用着急，马上我们就要去土特产销售中心，除了哈密大枣外还有许多哈密的土特产品，那里的产品都是我们自产自销，不经过外面的销售渠道，所以价格也是最优惠的，真可以说过了这个村，就没这个店了！

# 3 旅游故障处理

旅游故障也叫旅游事故，是指在旅游过程中突然出现的可能影响旅游活动正常进行的问题、差错或事件，这些情况可能会对旅游行程造成影响，也可能会对旅游者的人身、财产、心理和形象造成伤害，所以导游员务必重视此类事故的处理。

## ■ 丢失与治安事故

### （一）丢失事故

**1. 证件丢失。** 丢失证件是指外国旅游者丢失外国护照和签证、华侨丢失中国护照、港澳同胞丢失"港澳居民来往内地通行证"、台湾同胞丢失"台湾同胞旅行证明"、出境旅游的中国公民丢失护照和签证、国内旅游的中国公民丢失身份证。

如果旅游者的证件丢失，乡村导游员应与该团队的地陪导游员联系，请地陪导游员协助旅游者补办证件，如果该团没有地陪，需配合该团全陪或领队补办证件。

**2. 财物丢失。**导游人员应保持清醒的头脑，请失主回忆最后一次见到失物的时间、地点，弄清是确实丢了，还是放错了地方；若一时找不到，导游人员要安慰失主，并请失主留下详细地址、电话，以便找到后及时归还；如果丢失财产数额较大而无法寻回，需报警处理。

此类事故关键要做好预防工作，如景区内旅游者人数较多，要多做提醒工作。在游客入住酒店过程中做好行李的交接工作。提醒司机在旅游者下车后清车、锁好门窗。

**3. 人员走失。**乡村导游员首先应了解情况，让全陪和领队迅速寻找，同时向景区内的相关安全部门报告，打电话与乡村旅游企业联系，看旅游者是否已回房间休息，乡村导游员继续组织游览。如果找到旅游者应做好安慰和劝诫工作，避免事故再次发生。

## （二）治安事故

治安事故是指在旅游活动过程中，旅游者遭歹徒行凶、诈骗、偷窃、抢劫、欺侮等，致使旅游者身心健康以及财产安全受到不同程度的损害。

作为乡村导游员，遇到此类事故首先想到的是保护旅游者人身和财产安全，如果有旅游者受伤应组织抢救，同时保护事故现场，立即报案，及时向景区领导报告，安抚旅游者的情绪，事后协助写出书面报告，协助领导做好善后工作。

## ■ 发病与受伤事故

### （一）发病事故

**1. 中暑。**首先将患者平躺在阴凉通风处，解开衣服，放松裤带，可能时让患者饮用含盐饮料，对发烧者要用冷水或酒精擦身散热，必要时服用防暑药物，中暑症状缓解后让患者静坐或静卧休息。严重者叫急救车立即送医院。

**2. 突发心脏病。**首先让其就地平躺，拨打120或找呼叫景区医务人员，迅速寻找旅游者的衣物口袋或旅游包是否有急救药品，如硝酸甘油、救心丸等，让旅游者含服，保持周围环境安静，不要惊扰旅游者，等待救助。

## （二）受伤事故

**1. 在娱乐活动中受伤。**如果旅游者骨折并有流血，应及时拨打120或紧急送医院救治，但在现场导游员应做应急处理。首先进行止血，止血的方法主要有手压法，即用手指、手掌或拳头压迫伤口靠近心脏一侧的血管止血；加压包扎法，即在伤口处放厚敷料，然后用绷带加压包扎；止血带法，即用弹性止血带绑在伤口近心脏的大血管上止血。血止后要清洗伤口，然后进行包扎，包扎时动作要轻，松紧适当，不出现淤紫，绷带的结口不能在创伤处。最后对骨折的肢体上夹板，固定两端的关节，避免转动骨折肢体。

**2. 被狗咬伤。**首先观察伤口，伤口若只是几条齿痕、爪痕或者轻微的破皮，并没有出血，这种情况只需找到碘酒擦拭伤口即可。如果伤口出血，首先用针刺伤口周围皮肤，尽力挤压出血或用火罐拔毒，接着用20%的肥皂水或0.1%的新洁尔灭冲洗半小时，再用大量的清水冲洗，然后用烧酒或5%的碘酒或75%的酒精反复烧灼伤口，在24小时内去正规医院进行狂犬疫苗的接种。如果伤口大量出血，还需到正规医院让医生对伤口进行清理和包扎，并注射狂犬疫苗。

**3. 被老鼠咬伤。**首先清洗创伤口，用20%肥皂水或0.1%新洁尔灭溶液把伤口反复冲洗干净，然后用2%碘酒或75%酒精对伤口进行消毒处理，但切勿包扎。然后湿敷并服药，对鼠咬伤的局部可用浓石炭酸涂抹和0.02%呋喃西林液湿敷，同时应用青霉素、四环素等进行预防性治疗。到医院注射狂犬病血清。如被鼠咬伤过重或高度可疑狂犬咬伤时，应立即到当地防疫部门注射狂犬血清。最少3小时后再接种狂犬病疫苗，这样才能有效预防狂犬病。

**4. 被毒蛇咬伤。** 导游员首先要能够分辨有毒蛇和无毒蛇，大多数有毒蛇头部呈三角形，颈部较细，牙齿较长，被咬处有两排牙印，前端两个和其他相比明显更深更粗。如确定是有毒蛇，按照以下步骤处理。

（1）结扎伤口。在伤口的上部用橡胶带或止血带结扎，阻止毒素向全身扩散。如果足背被咬伤，在小腿上结扎，如果手背被咬伤就在小手臂上结扎。注意结扎的时间，每 20 分钟要松开两三分钟，否则停止血液循环，肢体会坏死。

（2）清洗伤口。用净水加 0.1％的高锰酸钾或生理盐水冲洗伤口，将被咬部位泡在水中，从上到下挤压 20～30 分钟，排出毒液。

（3）扩创排毒。咬伤部位封闭后，用拔火罐或吸奶器吸吮毒素，情况紧急下也可直接用口吸吮，要把毒汁全部吸出，不要把毒液吸入体内，注意最后要用清水漱口。如果是在 24 小时内咬伤，可在伤口处开一个十字再吸，注意十字不要开的太深，如果伤口处有其他残留物要及时清除。如果是在 24 小时以前咬伤，不用排毒，如果伤口处明显肿胀，在肿胀处下端每隔 5 厘米用消毒针平刺 2 厘米排毒。

（4）经过紧急处理之后送医院进行抗毒解毒治疗。

**5. 被蜂蜇伤。** 要首先检查患处有无毒刺折断留在皮肤内，如有需用镊子拔出断刺，然后用吸奶器或拔火罐将毒汁吸出。也可以用小针挑拨或胶布粘贴法取出蜂刺，但不要挤压。蜜蜂蜇伤可用弱碱性溶液（如 2％～3％碳酸氢钠、肥皂水、淡石灰水等）外敷，以中和酸性毒素；黄蜂蜇伤则需要弱酸性溶液（如醋、0.1％稀盐酸等）中和。如果症状严重，需到医院就诊。

**6. 被木刺刺伤。** 首先观察伤口的深浅，如果伤口较浅，先尽量将木刺完整拔出，然后轻轻挤压伤口，把伤口内的瘀血挤出来，以减少伤口感染的机率。然后碘酒消毒伤口的周围一次，再用酒精涂擦两次，用消毒纱布包扎好。如果伤口较深，应在进行上述处理后到医院打破伤风针。

## 小常识

在旅游活动中，如果旅游者的皮肤沾上农药，导游员要及时处置。可让旅游者立即用流动水冲洗干净，如果面积较大，可以使用淋浴的方法冲洗干净。

## 参考文献

曹明红 . 2012. 全国导游基础知识 . 天津：天津大学出版社 .

方百寿 . 2011. 旅游商品与购物管理 . 北京：旅游教育出版社 .

国家旅游局人事劳动教育司 . 2011. 导游业务 . 北京：旅游教育出版社 .

李海玲 . 2013. 导游带团技能速成：经典案例训练 . 北京：中国旅游出版社.

刘爱月 . 2008. 导游讲解 . 北京：北京大学出版社 .

周彩屏 . 2012. 导游技能训练 . 北京：高等教育出版社 .

## 单元自测

1. 你是怎样认识导游员的工作的？景点导游员的导览工作有哪几个步骤？

2. 导游欢迎词包括哪些内容？请结合所在景区简单进行表述。

3. 你所在的地区有哪些土特产品，请选择几个进行简单介绍。

4. 旅游过程中游客中暑了怎么办？游客被蛇咬伤怎么办？

## 技能训练指导

一、导游模拟练习

1. 准备室外景区训练场地。

2. 准备好导游旗、随身讲等导游用品。

3. 教师将 4 个学生组成一组，分别模拟导游员和游客，进行导游带团流程和景点讲解的模拟练习。

4. 通过模拟练习，使学员能够掌握接待流程和景点讲解技能。

## 二、商品导购训练

1. 到景区的商场或以教室模拟商场。

2. 根据本景区的特点，选择两三种土特产品进行推销的模拟训练。

学习
笔记

# 模块四

## 餐饮服务

　　具有较好的餐饮服务技能是乡村旅游服务员从事服务工作的基础。餐饮服务技能主要包括托盘、铺台布、餐巾折花、点菜、斟酒、客房送餐等各项技能。乡村旅游服务员要能应用餐饮服务各项技能，做好对客服务。

## 1 餐前服务

### ■ 托盘

#### （一）托盘方式

　　1. 轻托。轻托又称为胸前托，指在餐厅服务中使用大小合适的托盘，为客人上菜、斟酒等运送物品的方法。因所托物品一般在 5 千克以下，也称之为平托。

图 4-1　托　盘

操作要领：左手臂自然弯曲成 90°，肘与腰部 15 厘米，大臂垂直，掌心向上，五指分开稍弯曲，使掌心微呈凹形。用五指指端和手掌根部"六个力点"托住盘底，使之平托于胸前，掌心不与盘底接触，利用五指的弹性控制盘面的平稳。托起前左脚超前，左手与左肘呈同一平面，用右手紧紧把盘拉到左手上，再用右手调整好盘内的物件。托盘平托于胸前，略低于胸部。

**2. 重托。**重托多用于托较重的食品，指在餐厅中使用较大托盘，托运 5 千克以上的菜点、酒水等物品的方法。

操作要领：双手将托盘移至服务台边，使托盘 1/3 悬空。右手扶托盘将托盘托平，双脚分开呈外八字形，双腿下蹲，略成骑马蹲裆势，腰部略向前弯曲，左手伸开五指托起盘底，掌握好重心后，用右手协助左手向上用力将盘慢慢托起，在托起的同时，左手和托盘向上、向左旋转过程中送至左肩外上方，待左手指尖向后，托盘距肩部 2 厘米处，托实、托稳后再将右手撤回呈自然下垂。托至盘子不靠臂、盘前不靠嘴、盘后不靠发。托盘一旦托起，要始终保持均匀用力，将盘一托到底，否则会造成物品的歪、掉、滑的现象，并随时准备摆脱他人的碰撞，上身挺直，两肩平齐，注视前方，行走步履稳健平缓，肩部不倾斜，身不摆晃，遇障碍物绕而不停，起托后转，掌握重心，要保持动作表情轻松、自然。

## （二）托盘程序

托盘服务的步骤为理盘、装盘、起托、行走、落托，其技能要求和操作规范见表 4-1。

表 4-1　托盘服务程序

| 步骤 | 技能要求 | 操作规范 | 备　注 |
|---|---|---|---|
| 理盘 | 1. 根据运送菜肴、饮料、餐具等选择合适的托盘 | 1. 将托盘整理干净。将托盘洗净、擦干，盘内铺上干净的盘布或口布并铺平拉直，使盘布与托盘对齐。这样，增加摩擦力，可避免餐具在托盘中的滑动，同时，增加了托盘的美观与整洁。防滑的托盘可以不铺口布 | 整理托盘时应注意托盘的平整，托盘的底变形不平，影响美观，也有安全隐患，这类托盘应停止使用 |

（续）

| 步骤 | 技能要求 | 操作规范 | 备　注 |
|---|---|---|---|
| 理盘 | 2. 垫上口布或垫巾防滑 | 2. 检查是否完好无损。准备好垫布、专用擦布、垫碟等。检查所需运送酒水、餐具等物品是否齐全、干净。垫布的大小要与托盘相适应，垫布的形状可根据托盘形状而定，但无论是方形圆形垫布，其外露部分一定要均等，使整理铺垫后的托盘既整洁美观又方便适用 | 整理托盘时应注意托盘的平整，托盘的底变形不平，影响美观，也有安全隐患，这类托盘应停止使用 |
| 装盘 | 根据物品的形状、体积和使用先后的顺序，合理安排 | 根据物品的形状、重量、体积和使用的先后次序合理装盘。在轻托服务中，将重、高的物品放在托盘的里边（靠自身的一边），先使用的物品与菜肴放在上层，或放在托盘的前部，后使用的物品放在下面或托盘的后部。而重托服务根据需要可装入约 10 千克的物品，因此，装入的物品应分布均匀 | 注重把物品按高矮大小摆放协调，切忌将物品无层次地混合摆放，以免造成餐具破损 |
| 起托 | 保持托盘平稳，汤汁不洒、菜肴不变形 | 先将盘的一端拖至服务台外，保持托盘的边有 15 厘米搭在服务台上。左手托住托盘底部，掌心位于底部中间，右手握住托盘边。如托盘较重，则先屈膝，双腿用力使托盘上升，然后用手掌托住盘底 | 动作一步到位，干净利落 |
| 行走 | 步法轻盈、稳健，上身挺直，略向前倾。视线开阔，动作敏捷。精力集中，精神饱满 | 托盘行进中，选用正确的步伐是托盘服务的关键，托盘行进步伐的选用应根据所托物品的需要而定。托起托盘行走时，眼睛要目视前方，身体端正，不要含胸弯腰。脚步要轻快匀称，步态稳健；行走的时候要注意控制所托物体的运动惯性，如果遇到情况需要突然停下来时，应当顺手向前略伸减速，另一只手及时伸出扶住托盘，从而使托盘及托盘中的物品均保持相对平稳 | 1. 行走时要注意周围情况，能较好控制行走速度<br>2. 行走时两眼目视前方，靠右行走，尽量走直线<br>3. 在通过门时要特别小心，避免发生碰撞 |
| 落托 | 动作轻缓，托盘平稳。保持托盘重心稳定、盘内物品不倾斜、落地 | 卸盘时，用右手取走盘内所需物品，左手托盘应注意随着盘内物品的变化而用左手手指的力量来调整托盘重心，且应从前后左右交替取用。托盘行走过程中，如需将托盘整个放到工作台上称之为落托 | 落托时，应左脚向前，用右手协助左手把托盘小心推至工作台面，放稳后按用从外到内的顺序取用盘内物品 |

## 托盘技能单项考核

| 考核项目 | 标准分 | 得分 | 扣分 | 考核项目 | 标准分 | 得分 | 扣分 |
|---|---|---|---|---|---|---|---|
| 理盘 | 6分 | | | 无碰撞声 | 6分 | | |
| 装盘 | 10分 | | | 行走姿态 | 10分 | | |
| 起托 | 10分 | | | 向后转身 | 10分 | | |
| 托盘位置 | 6分 | | | 蹲下拣物 | 10分 | | |
| 托盘姿势 | 6分 | | | 落托 | 10分 | | |
| 不倒物品 | 6分 | | | 总体印象 | 10分 | | |
| 总成绩 | | | | | | | |

### 铺台布

铺台布的要点一是美观，二是适用。铺台布为宾客提供一个舒适的就餐场所，也是餐厅服务工作中的基本要求。

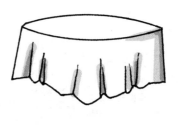

图4-2　铺设好的台布

## （一）台布铺设前的准备

首先是选台布。根据周围的环境选用合适的颜色和质地的台布，再根据桌台选择合适规格的干净台布。通常台布的规格有：180 厘米×310 厘米、260 厘米×260 厘米、240 厘米×240 厘米、220 厘米×220 厘米、180 厘米×80 厘米。其次，检查桌子是否坚固，而且桌子要保持平衡。最后，确保台布干净、桌面整洁。

## （二）铺台布的方法

**1. 推拉式。**这种方法适用于零点餐厅、较小的餐厅，或因有客人就座于餐台周围等候用餐时及在地方窄小的情况下进行铺台，见表 4-2。

表 4-2　推拉式铺台布操作要领

| 步　骤 | 动作要领 | 常见问题 |
|---|---|---|
| 抖台布 | 铺设时应选取与桌面大小相适合的台布，正身站于主人位，左脚向前迈一步，靠近桌边，上身前倾，将台布正面朝上打开，双手将台布向餐位两侧拉开 | 不在主人位 |
| 拢台布 | 用两手的大拇指与食指分别夹住台布的一边，其余三指抓住台布，台布沿着桌面向胸前合拢，身体朝前微弯 | 手法不规范 |
| 推台布 | 双手把台布沿桌面迅速用力推出。捏住台布边角不要松开 | 力量不够 |
| 台布定位 | 台布下落时，缓慢把台布拉至桌子边沿靠近身体处。调整台布落定的位置。用两手臂的臂力将铺好的台布十字取中，四角下垂均匀，台布鼓缝面朝上，中缝正对正、副主人席位 | 定位不准 |
| 放转盘 | 把转盘放在转轴上，转轴处在桌子正中心，用手测试一下转盘是否旋转正常 | 转盘检查不到位 |

**2. 撒网式。**全过程形如撒网，这种方法适用于宽大场地或技术比赛场合。撒网式铺台布时要求动作优美、干脆利落，技艺娴熟，一气呵成，见表 4-3。

**表 4 - 3　撒网式铺台布操作要领**

| 步　骤 | 动作要领 | 常见问题 |
|---|---|---|
| 抖台布 | 选好合适台布后，正身站于主人位，右脚向前迈一步，上身前倾，将台布正面朝上打开，双手将台布向餐位两侧拉开 | 拉台布力量不足 |
| 拢台布 | 将台布横折，折时双手拇指与食指分别夹住两端，然后食指与中指、中指与无名指、无名指与小指，遂从横折处夹起收拢身前，右臂微抬，呈左低右高式 | 右手过于平 |
| 撒台布 | 抓住多余台布提拿起至左或右肩后方，上身向左或右转体，下肢不动并在右臂与身体回转时，手臂随腰部转动并向侧前方挥动，台布斜着向前撒出去，双手除捏握台布边角的拇指和食指，其他手指松开，将台布抛至前方时，上身同时转体回位 | 用力过大或不足动作不协调 |
| 台布定位 | 台布下落时，拇指和食指捏住台布边角。当盖在台面上时，尚有空气未排出，台布会保持一会儿拱起，将台布平铺于台面，调整台布落定的位置。台布鼓缝面朝上，中线缝直对正、副主人席位，台布四角要与桌腿成直线下垂，四角垂直部分与地面等距，不许搭地，铺好的台布图案、花纹置于餐桌正中 | 定位不准 |
| 放转盘 | 把转盘放在转轴上，转轴处在桌子正中心，用手测试一下转盘是否旋转正常 | 转盘检查不到位 |

## 铺台布技能单项考核

| 项目考核 | 标准分 | 得分 | 扣分 | 项目考核 | 标准分 | 得分 | 扣分 |
|---|---|---|---|---|---|---|---|
| 操作位置 | 10 | | | 操作一次到位 | 12 | | |
| 姿势规范 | 12 | | | 凸缝朝上，对准主人 | 6 | | |
| 方法得当 | 12 | | | 转盘检查 | 8 | | |
| 台布四角对齐 | 10 | | | 操作时间 | 9 | | |
| 台布正面向上 | 11 | | | 整体印象 | 10 | | |
| 总成绩 | | | | | | | |

## ■ 餐巾折花

餐巾花可分为杯花和盘花两种。杯花属中式花型，杯花需插入杯中才能完成造型，出杯花形即散。由于折叠成杯花后，在使用时其平整性较差，也容易造成污染，所以目前杯花已较少使用，但作为一种技能，仍在餐厅服务中存在。盘花属西式花型，盘花造型完整，成型后不会自行散开，可放于盘中或其他盛器及桌面上。因盘花简洁大方，美观适用，所以盘花呈发展趋势，将逐渐取代杯花在中餐中的地位。

餐巾折花造型种类有：

花草类：牡丹、马蹄莲、荷花、兰花、马兰花、玉兰花、仙人掌、灵芝草等。

飞禽类：凤凰、孔雀、鸽子、鸵鸟、云雀、金鸡、仙鹤、大雁、小雁、喜鹊、海鸥、鸳鸯、大鹏等。

蔬菜类：冬笋、白菜、卷心菜等。

走兽类：长颈鹿、熊猫、松鼠、玉兔等。

昆虫类：蝴蝶、蜜蜂、青蛙、蜗牛、蝉等。

鱼虾类：龙虾、金鱼等。

实物造型类：火箭、扇子、领带等。

### （一）选择餐巾折花造型

**1. 根据规模选择花形。** 大型宴会可选择简洁、挺括的花形。可以每桌选两种花形，使每个台面花形不同，台面显得多姿多彩。如果是 1～2 桌的小型宴会，可以在一桌上使用各种不同的花形，也可以2～3 种花形相间搭配，形成既多样又协调的布局。

**2. 根据主题选择花形。** 主题宴会因主题各异，形式不同，所选择的花形也不同。

**3. 根据季节选择花形。** 选择富有时令的花形以突出季节的特色，也可以有意地选择象征一个美好季节的一套花形。

总之，要根据宴会主题，设计折叠不同的餐巾花。要灵活掌握，力求简便、快捷、整齐、美观、大方。

## （二）餐巾折花基本要求

操作前要洗手消毒。操作时不允许用嘴咬。

在干净的托盘中操作，简化折叠方法，一次成形。

放花入杯时，要注意卫生，手指不允许接触杯口，杯身不允许留下指纹。造型美观、高雅，气氛和谐。餐巾折花放置在杯中高度的2/3处为宜。

## （三）餐巾折花技法

餐巾折花有叠、卷、翻、拉、捏、穿、折、掰、攥等技法，其手法与要领见表4-4。

表4-4 餐巾折花的手法与要领

| 手法 | 说　明 | 要　领 |
|---|---|---|
| 叠 | 叠是最基本的餐巾折花手法，几乎所有的造型都要使用。有折叠、分叠两种 | 叠就是将餐巾一折为二，二折为四，或折成三角形、长方形、菱形、梯形、锯齿形等形状。叠时要熟悉造型，看准角度一次叠成，如有反复，就会在餐巾上留下痕迹，影响挺括。叠的基本要领是找好角度一次叠成 |
| 卷 | 分直卷和螺旋卷两种，直卷餐巾两头要卷平。螺旋卷可折成三角形，餐巾边要参差不齐 | 卷是用大拇指、食指、中指三个手指相互配合，将餐巾卷成圆筒状。直卷有单头卷、双头卷、平头卷，直卷要求餐巾两头一定要卷平，只卷一头或一头多卷、另一头少卷，会使卷筒一头大一头小。不管是直卷还是螺旋卷，餐巾都要卷得紧凑、挺括，否则会因松软无力、弯曲变形而影响造型。卷的要领是卷紧、卷挺 |
| 翻 | 餐巾折制过程中，上下、左右、前后、内外改变部位的翻折 | 操作时，一手拿餐巾，一手将下垂的餐巾翻起一只角，翻成花卉或鸟的头颈、翅膀、尾等形状。翻花叶时，要注意叶子对称，大小一致，距离相等。翻鸟的翅膀、尾巴或头颈时，一定要翻挺，不要软折。翻的要领是注意大小适宜，自然美丽 |
| 拉 | 在翻的基础上使餐巾造型挺直而采取的手法 | 一般在餐巾花半成形时进行，把半成形的餐巾花攥在左手中，用右手拉出一只角或几只角来。拉的要领是大小比例适当、距离相等、用力均匀、造型挺括 |

（续）

| 手法 | 说　明 | 要　领 |
|---|---|---|
| 捏 | 主要用于做鸟与其他动物的头 | 捏住鸟颈的顶端，食指向下，将餐巾一角的顶端的尖角向里压下。捏主要用于折鸟的头部造型。操作时先将餐巾的一角拉挺做颈部，然后用一只手的大拇指、食指、中指三个指头捏住鸟颈的顶端，食指向下，将巾角尖端向里压下，用中指与拇指将压下的巾角捏出尖嘴状，作为鸟头。捏的要领是棱角分明，到位 |
| 穿 | 一般用筷子等工具从餐巾夹层折缝中穿过，形成皱褶，使之饱满、富有弹性、逼真的一种方法 | 将餐巾先折好后攥在左手掌心内，右手拿筷子，用筷子小头穿进餐巾的褶缝里，另一头顶在自己身上，然后用右手的大拇指和食指将筷子上的餐巾一点一点向后拨，直至把筷子穿出餐巾为止。穿的要领是穿好的褶裥要平、直、细小、均匀。穿好后先把餐巾花插入杯子内，然后再把筷子抽掉，否则容易松散。根据需要，一般只穿1～2根筷子 |
| 折 | 折是打褶时运用的一种手法。是将餐巾叠面折成褶裥的形状，使花形层次丰富、紧凑、美观 | 打褶时，用双手的拇指和食指分别捏住餐巾两头的第一个褶裥，两个大拇指相对成一线，指面向外。再用两手中指接住餐巾，并控制好一个褶裥的距离。拇指、食指的指面握紧餐巾向前推折至中指外，用食指将推折的褶裥挡住，中指腾出去控制下一个褶裥的距离，三个手指如此互相配合。可分为直线折和斜线折两种方法。两头一样大小的用直线折，一头大一头小或折半圆形、圆弧形的用斜线折。折的要领是褶裥均匀整齐 |
| 掰 | 一般用于花型餐巾的制作，如月季花等 | 1. 按餐巾叠好的层序，用右手按顺序一层一层掰出作花瓣<br>2. 掰时不要用力过大，掰出的层次或褶的大小距离要均匀 |
| 攥 | 使叠出的餐巾花半成品不易脱落走样而采用的方法 | 1. 用左手攥住餐巾的中部或下部<br>2. 然后用力操作其他部位，攥在手中的部分不能松散 |

## （四）餐巾花摆放

**1. 突出主位。**主位要选择主花。根据主宾席位选择花形。宴会上，主宾席位上的餐巾折花被称为主花，一般要选择品种名贵、折叠精细、美观醒目的花形，以达到突出主位、尊敬主宾的目的。

**2. 注意协调性。**餐巾折花的协调性是指无论是大型还是小型宴会，除主位外的餐巾折花要高矮一致，大小一致，要把一个台面或一组台面当作一个整体来布置。一般主位的餐巾折花与其余的不同。

当只有一桌的宴会上选用各不相同的花形时，主花要明显。如果选择的花形都是比较矮的，则不能与主花高低相差太多。除了主花以外，如果还有高低差别较大的花形，则要以主花为主，其余花形高度不能超过主花，同时要高矮相间布置，使整个台面整体协调一致，不要将高的花与矮的花挤在一起摆放。

### 餐巾折花技能单项考核

| 考核项目 | 应得分 | 扣分 | 各花评分 | 应得分 | 扣分 |
|---|---|---|---|---|---|
| 操作卫生 | 5分 | | 主花1 | 5分 | |
| 花型种类 | 5分 | | 2 | 5分 | |
| 花型难度 | 10分 | | 3 | 5分 | |
| 花型名称 | 10分 | | 4 | 5分 | |
| 基本技法 | 10分 | | 5 | 5分 | |
| 总体效果 | 10分 | | 6 | 5分 | |
| 时间（8分钟）每提前30秒加1分每超时15秒减1分 | 加 | | 7 | 5分 | |
| | | | 8 | 5分 | |
| | 减 | | 9 | 5分 | |
| | | | 10 | 5分 | |
| 总成绩 | | | | | |

### 摆台

### （一）早餐摆台

**1.** 骨碟。摆放在座位正中距桌边1厘米处。

2. **汤碗**。摆放在骨碟的正前方 3 厘米，汤匙摆放在汤碗内，匙柄向左。

3. **筷架**。摆放在骨碟的右侧，筷子摆在筷架上，筷架在筷子 1/3 处，筷子底部距桌边 1 厘米，筷套店徽向上。

4. **茶碟**。摆放在筷子右侧，茶杯扣放在茶碟或骨碟上。

5. **牙签盅、调味品**。摆在台布中线的附近。

6. **烟灰缸**。摆在主人席位的右侧，每隔两位客人摆放一个，架烟孔分别朝向客人，见图 4 - 3。

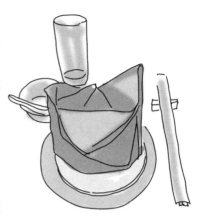

图 4 - 3 早餐摆台示意

## （二）便餐摆台

将需要的餐具整齐摆放在托盘内，一手托托盘，一手摆放餐具。拿餐具时注意手法卫生，骨碟拿边沿，汤匙拿匙把，水杯拿 1/3 以下，禁止拿杯口。

1. **骨碟**。摆放在座位正前方，离桌边 1 厘米，按顺时针方向依次摆放，碟与碟之间距离相等。

2. **汤碗、汤匙**。汤碗摆放在骨碟正上方 3 厘米处。汤匙放在汤碗内，匙柄向正左方。

3. **筷子、筷架**。骨碟右侧摆放筷架，筷子摆放在筷架上，筷架在筷子 1/3 处，筷子底部离桌边 1 厘米，筷身距骨碟 1.5 厘米，筷套店标朝向客人（如是圆桌，筷头指向桌子圆心）。

4. **牙签**。包装牙签竖放在筷子右侧 1 厘米处，牙签底边与筷子底边相距 3 厘米，店标正面字体朝向客人。

5. **茶杯、茶碟**。茶碟摆在牙签右侧 2 厘米处，茶碟与桌边相距 1.5 厘米。茶杯扣放在茶碟上，杯把向右与茶碟平行。

6. **杯具**。水杯摆放在正上方相距 3 厘米处。

7. **花瓶**。摆放在餐台正中或边角处，具体位置根据餐厅情况而定。

8. 调味品。摆放在花瓶之前，依左椒右盐的顺序。

9. 烟灰缸。摆放在调味品之前（如圆台，烟灰缸摆放在主人位与主宾位之间，顺时针方向每两位客人摆放一个，烟灰缸的上端与水杯平行；根据实际需要，原则上可以不摆放烟灰缸）。

10. 口布。将折好的口布摆在骨碟上，观赏面朝向客人。

## 小常识

中餐便餐也叫中餐零点，它在一般中小型酒店中占很大比例，它与中餐早餐摆台和中餐宴会摆台虽有相同之处，但也有很大的区别。

### （三）宴会摆台

1. 骨碟。手拿骨碟边缘，从主人位开始，按顺时针方向均匀摆放于桌面上。要求：轻拿轻放，定位准确；店标朝向客人，碟边距桌边 1.5 厘米；无破损，无污迹。

2. 酒杯。手拿杯柄或酒杯下部，按顺时针方向将酒杯放于骨碟正上方桌面。要求：轻拿轻放；酒杯底座下边缘距骨碟上边缘 1.5 厘米；酒杯干净、明亮、无破损。

3. 汤碗、汤匙。手拿匙柄将汤匙放入汤碗内，并将汤碗摆放于骨碟左上方，按顺时针方向依次摆放。要求：轻拿轻放；汤碗摆在骨碟的左上方成 45°角，汤碗边部水平距骨碟上边缘 1 厘米，匙柄朝左，正面朝上；无破损，无污迹。

4. 筷架、筷子。筷架摆于酒杯右侧，然后拿筷尾将套好筷套的筷子摆放在筷架上。要求：筷架与骨碟右边缘相切，上边缘与骨碟上边缘在一条直线上，筷套尾部距桌面 1.5 厘米，左边距骨碟右边缘 1 厘米；筷套洁净。

5. **茶碟、茶碗。**茶碗倒扣于茶碟正中，手拿茶碟，按顺时针方向依次放于筷子右侧，杯柄朝右。要求：轻拿轻放；茶碗左边缘距筷子1厘米，下边缘距桌边1厘米；茶碗干净、无破损。

6. **香巾篮。**将香巾篮依次摆于茶碟正上方。要求：香巾篮距茶碟上边缘1厘米；干净、无油污、无破损。

7. **烟缸。**将烟缸依次摆放于两餐位之间。要求：每两个餐位摆放一个烟缸；店标朝向桌外，下边缘距桌边4厘米。

8. **桌号牌。**摆放于桌面中央，桌号朝外。要求：干净、无油迹，摆放整齐。

9. **牙签筒。**摆放于桌号牌右侧2厘米处。要求：牙签筒清洁、无破损；标志朝向桌外；牙签准备适量，摆放整齐。

10. **花瓶。**摆放于桌号牌左侧，距桌号牌2厘米。要求：无油迹，无破损；标志朝向客人。

11. **餐巾。**统一折一种花形，摆放于骨碟正中。要求：口布干净、挺括、无褶皱，观赏面朝向客人。

12. **椅子。**圆桌对称摆放，长方桌对称摆放于桌子对面。要求：对称摆放，椅子前边缘与桌裙垂直相切，见图4-4、图4-5。

图4-4 宴会摆台一桌示意

图 4-5 宴会摆台一位示意

## 中餐摆台单项考核

| 考核项目 | | 应得分 | 扣分 | 考核项目 | | 应得分 | 扣分 |
|---|---|---|---|---|---|---|---|
| 铺台布 | 一次到位 | 3分 | | 筷子、筷架 | 位置正确 | 5分 | |
| | 台布十字居中下垂基本相等 | 6分 | | | 筷套上端距筷架5厘米 | 5分 | |
| | 转盘居桌中央 | 3分 | | 三杯 | 三杯位置正确 | 10分 | |
| 花瓶、台号 | 花瓶、台号位置正确 | 3分 | | | 三杯成一线 | 5分 | |
| | | | | | 手法正确 | 5分 | |
| 定位骨盘 | 间隔相等 | 5分 | | 公用物品 | 公筷位置正确 | 2分 | |
| | 相对骨碟与花瓶三点一线 | 5分 | | | 调味盅位置正确 | 4分 | |
| | 距桌边1厘米 | 5分 | | | 烟缺位置正确 | 4分 | |
| | 店标方向正确 | 5分 | | | | | |
| | 手法正确 | 5分 | | | | | |
| 汤碗汤匙 | 汤碗位置正确 | 5分 | | 时间（10分钟）每提前___秒加1分 | | 加 | |
| | 汤匙柄向左 | 5分 | | 每超时___秒减1分 | | 减 | |
| | 手法正确 | 5分 | | | | | |
| | 总体效果 | | | 总成绩 | | | |

## ■ 点菜

　　点菜的基本程序从形式看比较简单，包括：递送菜单—等候点菜—点菜—记录菜名—确认。然而，要将这些程序有机地结合起来，达到客人满意的效果，却不是一件简单的事情。

　　在客人点菜时，服务人员除了按基本程序和基本要求为客人服务之外，还应具备灵活处理特殊问题的能力。

### （一）程序点菜法

　　按照冷菜、热菜、酒水、主食的程序进行点菜。服务人员要熟记菜名，快、准地报出各种菜的名称。

### （二）推荐点菜法

　　对于应时、应季的菜肴，或是店内的招牌菜、创新菜可以给顾客以定向推荐。

### （三）推销点菜法

　　按顾客的消费动机来推销。

　　**1. 便餐。**来餐厅吃便餐的顾客有各种情况，有的是外地顾客，出差、旅游、学习、居住在本酒店，就近解决吃饭问题，有的是居住在附近，因某种情况而来餐厅用餐等。这些消费者的要求特点是经济实惠、快吃早走，品种不要太多，但要求快，这时服务员应主动介绍价廉物美的菜点，要有汤、有菜，制作时间要短。

　　**2. 调剂口味。**来餐厅调剂口味的顾客，大部分是慕名而来想品尝酒店的风味特色，名菜、名点或者专门是为某一道菜肴而来。在服务过程中要注意多介绍一些特色的菜肴，数量上要少而精。

　　**3. 宴请。**除结婚、庆寿等宴请以外，还有各种原因的宴请，如商务宴请等。这类宾客都要求讲究一些排场，菜肴品种要求丰盛，有的注意菜肴的精美、充足且在一定的价格范围之内。

　　**4. 聚餐。**如同事、朋友等聚在一起。他们要求热闹，边吃边谈，菜肴一般，品种丰富而不多，精细而不贵，有时每人点一个自己喜欢吃的菜，有的也喜欢配菜等，要注意上菜速度不宜太快，应主动帮助加热。

### （四）心理点菜法

按顾客的特性来推销。

**1. 炫耀型。**这类顾客重友情，好面子，以炫耀和慷慨邀请朋友，不求快，只求好。

**2. 茫然型。**这种顾客多数是初次出门，还不习惯在外就餐，不知到哪个餐厅好，不知吃什么好，对就餐知识和经验比较缺乏，随便找个地方就吃一顿。

**3. 习惯型。**这些顾客吃惯了食物并不一定有独特的风格，但由于长期食用，在决定就餐时就形成一种心理惯性，习惯型的顾客行为表现偏好一种小吃，喜好于某一饭菜的风味，或信奉某一餐厅、某一厨师的声誉。在为这类顾客服务时，应注意与客人打招呼（最好是加姓）并可试问：某某先生还是和上次一样吗？还是点一些我们推出的新菜？

> **⚠ 温馨提示**
>
> ### 点菜注意事项
>
> 从客人的要求和酒店餐饮服务的特点来看，点菜服务需要注意如下几点：
>
> **1. 时机与节奏。**在客人就座后几分钟内就要及时点菜。根据客人的心理需求尽力向客人介绍时令菜、特色菜、招牌菜、畅销菜。台号、桌数写清楚，名字也一并写上，海鲜写明做法、重量，并且问询是否需要确认。
>
> **2. 客人的表情与心理。**开始点菜时，做到细心观察"一看、二听、三问"。
>
> 看，判断消费者特征，如看客人的年龄，举止情绪，是外地

还是本地，是吃便饭还是洽谈生意，或者宴请朋友聚餐。调剂口味是炫耀型还是茫然型，还要观察到底谁是主人，谁是客人。

　　听，听口音，判断地区或从顾客的交谈中了解其与同行之间的关系。

　　问，征询顾客饮食需要，作适当的菜点介绍。

　　**3.** 认真与耐心。详细介绍、推荐菜肴，耐心听取客人的意见。客人点菜过多或在原料、口味上重复时，要及时提醒客人。点完菜以后应向客人复述一遍。客人未到齐时，菜单上应注明"走菜"，赶时间的客人应注明"加快"，有特殊要求的客人，也应注明，如：不吃大蒜、不吃糖、不吃辣、不吃花生油、不吃猪肉等。

　　**4.** 语言与表情。具有良好的语言表达能力，能灵活、巧妙地运用使顾客满意的语言。

## 点菜技能单项考核

| 考核项目 | 应得分 | 扣分 | 考核项目 | 应得分 | 扣分 |
|---|---|---|---|---|---|
| 递送茶水 | 8 | | 服务时机与节奏 | 6 | |
| 递送毛巾 | 8 | | 服务方法得当 | 8 | |
| 递送菜单点菜 | 10 | | 菜单记录准确 | 10 | |
| 细心观察（看、听、问） | 10 | | 特色菜点推荐 | 8 | |
| 服务态度 | 9 | | 重复确认 | 8 | |
| 菜品熟悉程度 | 7 | | 整体印象 | 8 | |
| 总成绩 | | | | | |

# 2 餐中服务

## ▪ 上菜

上菜之前服务人员要认真核对菜品、菜量、客人特殊要求与菜单是否相符，确保准确无误。一般先上冷菜，再上热菜，后上汤，最后上鱼。上菜的操作规范见表4－5。

表4－5  上菜的操作规范与要求

| 项　目 | 操作规范 | 质量标准或要求 |
|---|---|---|
| 上冷菜 | 1. 在客人到达房间后，及时通知传菜员将冷菜传来<br>2. 站立于主陪右后侧，左手托盘，右手将菜盘轻放于转盘或桌面上，按顺时针方向轻轻转动转盘<br>3. 先上调料，后上冷菜，视情况报菜名 | 1. 冷菜盘均匀分布于转盘上，距转盘边缘2厘米<br>2. 荤盘、素盘以及颜色合理搭配 |
| 上热菜 | 1. 在上前四道菜时，要将菜盘均等放于转盘上<br>2. 若上手抓排骨类菜肴，要提供一次性手套；上刺身菜品，要将辣根挤出1.5厘米放于调味碟内，倒入适量酱油或醋；上海鲜时，要提供洗手盅。上高档原料菜品，要听取客人意见并及时反馈<br>3. 分餐时，右脚在前，站于陪客人右后侧，将菜品放于转盘上，转于主宾处，伸手示意，报菜名，介绍完毕，拿到备餐台，为客人分餐<br>4. 根据客人用餐情况及时与厨房协调，合理控制上菜速度<br>5. 菜上齐时，告诉客人"菜已上齐"。如发现菜肴不够或客人特别喜欢的菜，征得客人同意予以加菜 | 1. 报菜名，说普通话，声音适中，菜品观赏面朝向主宾。保证菜品温度，上菜不出现摆盘现象<br>2. 上菜动作迅速，保持菜型美观<br>3. 每道菜肴吃了3/4时，可为客人更换小菜盘<br>4. 对于特色菜要主动介绍菜品知识和营养价值 |
| 上特殊热菜（如蟹、炖盅） | 1. 站立于主陪右后侧，调整桌面，然后双手将盘放于转盘或桌面上，菜品观赏面转向主人与主宾之间位置，后退半步报菜名，并伸手示意"请用"<br>2. 上蟹时，同时配备调料、蟹钳和洗手盅，并介绍洗手盅的用途<br>3. 上炖盅时，从主宾开始，将炖盅放于客人的右侧，揭开盖子，放入汤匙，并报菜名 | 1. 服务用具和调料配备齐全，注意客人动作，避免汤汁洒到客人身上<br>2. 报菜名时口齿清晰、音量适中、用语准确 |

（续）

| 项　目 | 操作规范 | 质量标准或要求 |
|---|---|---|
| 上汤 | 1. 站立于主陪右后侧，调整桌面，然后双手将汤放于转盘上，后退半步报菜名，伸手示意征询客人"先生/小姐，是否需要分汤?"<br>2. 若需要，将汤放于旁边的桌子上，分好后将汤碗放到托盘上，站于每位客人的右侧，再将汤碗放到桌面上，伸手示意"请用"<br>3. 若不需要，伸手示意"请用" | 盛汤均匀，不洒、不外溅，盛汤不宜太满 |
| 上鱼 | 1. 站立于副陪右后侧，调整桌面，然后双手将鱼匙放于转盘上，将观赏面轻轻转到主人与主宾之间位置，后退半步报鱼名，然后征询客人意见是否需要剔鱼骨<br>2. 若需要，将鱼匙拿到备餐台，左手拿叉，右手拿分餐刀，将鱼身上配料用刀叉移到一边，用分餐刀分别将鱼头、鱼鳍、鱼尾切开，再顺鱼背将上片鱼一分为二，将鱼肉向两侧轻轻移动，剔除鱼骨，用刀叉将鱼肉复位，并将鱼的整体形状进行整理，端到餐桌上，伸手示意"请用" | 不要将鱼肉弄碎，保持鱼肉的形状完好 |
| 上主食 | 1. 上最后一道菜时，告知客人菜已上齐。若客人已点主食，征询客人："先生/小姐，现在是否可以上主食?"<br>2. 若客人未点主食，征询客人"先生/小姐，请问用点什么主食?"下单后，根据客人的要求，尽快将主食上到餐桌上 | 认真核对主食是否与菜单上相符；适时进行二次推销，保证主食适宜的温度 |
| 上水果 | 1. 在客人主食上齐之后，征询客人"先生/小姐，现在是否可以上水果?"<br>2. 在征得客人同意后，先整理桌面，更换骨碟，然后将果盘放于离转盘边缘 2 厘米处，转到主人和主宾之间，或放于餐桌中间 | 保持果盘完整、美观 |

---

**(!) 温馨提示**

### 上菜时特殊情况的处理

1. 菜品中吃出异物或菜品未按标准做。先向客人道歉，根据客人要求，做退菜处理，或立即撤下菜肴，通知厨房重做。

2. 换菜。当客人对菜肴口味提出异议时，先向客人道歉，并征询客人："先生/小姐，此菜是否要换?"征得客人同意后，立即撤下，并通知厨房重做。

3. 缺菜。应向客人道歉，并委婉说明情况，同时向客人推荐类似菜肴。

4. 上错菜。若客人未用，需征询客人意见是否需要，如不用，向客人表示歉意，撤下菜肴；如客人已动筷，向客人说明情况，致歉，并征求客人是否可作加单处理。

发生上述情况，服务人员在说明或致歉时，语气要委婉，态度要诚恳，耐心向客人解释，不与客人争吵。

## ■ 斟酒

### （一）斟酒前的准备

用干净的布巾将瓶口擦净。从冰桶里取出的酒瓶，应先用布巾擦拭干净，然后进行包垫。方法是：用一块 50 厘米×50 厘米见方的餐巾折叠六折成条状，将冰过的酒瓶底部放在条状餐巾的中间，将对等的两侧餐巾折上，手应握住酒瓶的包布，注意将酒瓶上的商标全部暴露在外，以便让客人确认。斟酒时，左手持一块折成小方形的餐巾，右手握瓶，即可进行斟酒服务。斟酒时用垫布及餐巾，都是为防止冰镇后酒瓶外易产生的水滴及斟酒后瓶口的酒液洒在客人身上。使用酒篮时，酒瓶的颈背下应衬垫一块大小适宜的布巾，以防止斟酒时酒液滴洒。

### （二）持瓶姿势

持瓶姿势正确是斟酒准确、规范的关键。正确的持瓶姿势应是：右手叉开拇指，并拢四指，掌心贴于瓶身中部、酒瓶商标的另一方，四指用力均匀，使酒瓶握稳在手中。采用这种持瓶方法，可避免酒液晃动，防止手颤。

## （三）斟酒力度

要活而巧。正确的用力应是：双臂以肩为轴，小臂用力运用手腕的活动将酒斟至杯中。腕力运用灵活，斟酒时握瓶及倾倒角度控制就感到自如，腕力运用得巧妙，斟酒时酒液流出的量就准确。斟酒及起瓶均应利用手腕的旋转来掌握。斟酒时忌大臂用力及大臂与身体之间角度过大，角度过大会影响顾客的视线并迫使客人躲闪。

## （四）斟酒时的站姿

斟酒服务开始时，服务员先应呈直立式持瓶站立，左手背后，右手持瓶，小臂呈 45°角向杯中斟酒，上身略向前倾，当酒液斟满时，利用腕部的旋转将酒瓶逆时针方向转向自己身体一侧，同时左手迅速、自然地将餐巾盖住瓶口以免瓶口滴酒。斟完酒身体恢复直立状。向杯中斟酒时切忌弯腰、探头或直立。

## （五）选好斟酒站位

斟酒服务时，服务员应站在客人的右侧身后。规范的站位是：服务员的右腿在前，插站在两位客人的座椅中间，脚掌落地，左腿在后，左脚尖着地呈后蹬势，使身体向右呈略斜式。服务员面向客人，右手持瓶，瓶口向客人左侧依次进行斟酒。每斟满一杯酒更换位置时，做到进退有序。退时先使左脚掌落地后，右腿撤回与左腿并齐，使身体恢复原状。再次斟酒时，左脚先向前跨一步，后脚跟上跨半步，形成规律性的进退，使斟酒服务的整体过程潇洒大方。服务员斟酒时，忌将身体贴靠客人，但也不要离得太远，更不可一次为左右两位客人斟酒，也就是说不可反手斟酒。

## （六）选择斟酒方法

斟酒服务的姿势、站位都是有规律性的，但是，斟酒的方法、时机、方式需要掌握一定的灵活性。斟酒方法常见有以下几种：

**1. 桌斟。** 指顾客的酒杯放在餐桌上，服务员徒手斟酒，即一手持餐巾，一手握酒瓶，把客人所需酒品依次斟入宾客酒杯中。步骤：①站在客人右侧，五指张开，握住酒瓶下部，食指伸直按住瓶壁，指尖指向瓶口，将手臂伸出，手腕下压，侧身向杯中倾倒酒水。②瓶口与杯沿需保持一定距离。斟一般酒时，瓶口应离杯口 2 厘米左右为宜，切勿将瓶口搁在杯沿上或采取高注酒等错误方法。斟汽酒或冰镇酒时，二者也应相距 2 厘米左右为宜。总之，无论斟哪种酒品，瓶口都不可沾贴杯口，以免有碍卫生及发出声响。③斟酒完毕，将瓶口稍稍抬高，顺时针 45°旋转，提瓶，再用餐巾将残留在瓶口的酒液拭去。以防酒滴留在瓶口落在桌上、餐具上或客人身上。

**2. 捧斟。** 指斟酒服务时，服务员站立于顾客右侧身后，一手握瓶，一手将酒杯捧在手中，向杯中斟满酒后，绕向顾客的左侧将装有酒液的酒杯放回原来的杯位。捧斟方式一般适用于非冰镇酒品。取送酒杯时动作要轻、稳、准，优雅大方。斟倒前，拿一条干净的餐巾将瓶口擦干净，握住酒瓶下半部，将酒瓶上的商标朝外显示给客人确认。步骤：①站在客人右边按先宾后主的次序斟酒，不能站在一个位置为左右两位宾客斟酒。一手握瓶，手握中部、商标向外，一手将酒杯捧在手中，站在客人右侧，然后向杯内斟酒。②斟酒动作在台面以外的空间进行。③斟好后放在客人的右手处。

**3. 托盘端托斟酒。** 即将客人选定的几种酒放于托盘内，一手端托，一手取送，根据客人的需要依次将所需酒品斟入杯中。这种斟酒的方法能方便顾客选用。

## ■ 更换骨碟与烟缸

### （一）更换骨碟

**1. 准备工作。** 准备好干净的骨碟和托盘。将骨碟摆在较靠身边的托盘重心处，约占托盘的 1/3。持托盘行进到客人座位处，侧身从客人右边接近。

**2. 更换方法。** 换第一个骨碟时，应先将脏的骨碟从客人右侧撤出（切忌将骨碟内的杂物掉在地上或客人身上），放在托盘的左上角，然后拿一个干净的骨碟放在客人桌上。换第二个骨碟时，撤下的脏的骨碟应先将骨碟内的汤汁杂物倒于撤下的第一个骨碟内，然后将第二个脏的骨碟放于托盘右上角。之后换骨碟同换第二个骨碟一样。此时，托盘内的三摞骨碟，应成倒"品"形。

### （二）更换烟缸

**1. 准备工作。** 确保桌面上有足够的烟缸供客人使用。看到客人准备吸烟时，应主动上前用火柴或调试好的打火机，礼貌、安全地为客人点燃香烟。烟缸内有两个烟蒂时，必须更换烟缸。依照标准检查托盘，将干净、无破损、无水渍的烟缸放在托盘内。备用的烟缸数量比需要更换的烟缸数量多一个。一手拿着托盘，站于客人右侧。

**2. 更换方法。** 一手托托盘，一手拇指和中指卡住烟缸外壁，拿一个干净的烟缸放于需要更换的烟缸上，然后将干净的烟缸和脏的烟缸一起拿到托盘上，再将干净的烟缸放于桌面上。更换烟缸不得将手指伸入烟缸中。

# 3 餐后服务

## ■ 结账

结账的操作规范见表4-6。

表4-6　结账的操作规范与要求

| 项　目 | 操作规范 | 质量标准或要求 |
|---|---|---|
| 为客人拿账单 | 1. 客人要求结账时，征询客人"先生/小姐，请问您用何种方式结账，是现金还是信用卡？"<br>2. 在得到客人答复后，请客人稍等，立即去收银台为客人取账单，并告诉收银员所结账的台号，核对账单与客人实际消费是否相符<br>3. 将取回的账单放入收银夹内，用托盘将收银夹送至客人面前并交代"这是您的账单，请过目" | 认真核对，准确无误。注意礼貌，动作规范。不要让其他客人看到账单 |

（续）

| 项　目 | 操作规范 | 质量标准或要求 |
|---|---|---|
| 现金结账 | 1. 客人用现金结账时，应在客人面前点好钱数，请客人稍候，将现金送交收银员<br>2. 将找零放于收银夹内，返回站立于客人右侧，打开收银夹，将找零和发票递给客人，说："这是找您的零钱和发票，请点清"，并向客人表示感谢 | 注意礼貌，认真核对，准确无误，动作规范 |
| 签单结账 | 1. 若是住店客人，礼貌地请客人出示房卡，请客人稍等，然后带客人的房卡到收银台<br>2. 待收银员确认后，取回账单，请客人签字确认<br>3. 若是协议单位，请客人稍等，到收银台确认后取回账单，请客人签字确认 | 注意礼貌，认真核对。准确无误，动作规范。不要让其他客人看到账单 |
| 信用卡结账 | 1. 若客人用信用卡结账，征询客人意见，如客人要求服务员代处理，则将客人的信用卡送到收银台，待收银员确认后，将卡单送到客人面前，请客人签字确认，然后将持卡人回单和发票交给客人，其余卡单交给收银台<br>2. 如客人要求到收银台结账，应礼貌地引领客人到收银台 | 注意礼貌，认真核对。准确无误，动作规范 |
| 一卡通结账 | 1. 若客人使用一卡通结账，征询客人意见，如客人要求服务员代处理，则将客人的一卡通送到收银台，在收银员操作后，将一卡通和发票送到客人面前，并且也可轻声告之客人卡内剩余金额<br>2. 如客人要求到收银台结账，服务员应礼貌地引领客人到收银台 | 认真核对，准确无误。注意礼貌，动作规范 |
| 支票结账 | 1. 若客人用支票结账，征询客人意见，如客人要求服务员代处理，则礼貌地请客人出示身份证和支票，并在支票背面写上客人的姓名、单位、地址、联系电话，然后将支票和身份证送到收银台，待收银员确认后，将身份证还给客人<br>2. 如客人要求到收银台结账，应礼貌地引领客人到收银台 | 注意礼貌，认真核对。准确无误，动作规范 |

（！）温馨提示

结账时特殊情况的处理

**1. 客人损坏物品。** 当客人损坏酒店物品时，应礼貌地说些安慰话，迅速收拾损坏的物品，补上相应的物品，并到收银台记账，然后向领班或经理汇报，经领班或经理确认后，决定是否需要赔偿。若需要赔偿，则在客人结账时，委婉地向客人说明酒店物品损坏赔偿制度；若不需要赔偿，则在客人结账时，礼貌地说明免赔理由。

**2. 客人要求打折。** 客人在结账时要求打折，服务员应认真听取客人陈述的理由，及时向领班或经理汇报，并给客人以满意的答复。

**3. 客人反映账物不符。** 如客人反映账物不符，服务员应立即向客人道歉，"先生/小姐，对不起，请您稍等，我去查一下"，并询问客人账单里哪一项不对。如账单无问题，须向客人委婉地说明情况；如出现问题，立即向领班汇报，由领班酌情处理。

## ▪ 送客

送客的操作规范见表 4-7。

表 4-7 送客的操作规范与要求

| 项 目 | 操作规范 | 质量标准或要求 |
|---|---|---|
| 征询客人意见 | 当客人用餐完毕，服务员应主动上前征询客人在本餐厅用餐的意见和建议，并做好记录，同时向客人表示感谢 | 认真诚恳，使用礼貌用语。把握好时机，及时反馈信息 |
| 打包 | 1. 根据客人用餐情况，主动征询客人是否需要打包<br>2. 当客人提出需打包时，应到收银台领取相应数量的食品袋（盒），将食品装入打包盒（袋）交给客人 | 礼貌周到，细致耐心 |
| 送客 | 1. 客人起身离开时，应主动拉开椅子，鞠躬送客，并提醒客人拿好随身携带的物品<br>2. 若有客人带走酒店物品，应提醒客人<br>3. 送客至餐厅门口与客人道别，并说"欢迎您/你们下次再来" | 举止得体，态度热情 |
| 检查现场 | 再次检查有无客人遗留物品以及物品是否有损坏。如有，则及时上报领班处理 | 认真仔细，准确无误 |

**⚠ 温馨提示**

客人遗留物品的处理

若发现客人有遗留物品，应立即寻找客人，并设法归还客人。

若客人已离开，将遗留物品交领班处理。

## ■ 餐后归并整理

### （一）收台

检查完现场后，及时将椅子归位，并清点口布、香巾，按照先收香巾、口布、香巾篮、玻璃器具、小勺、筷架、筷子等物品，后撤骨碟、烟缸、茶杯、汤碗的顺序进行收台。要求：餐具、香巾数目准确，收台时轻拿轻放；餐具分类清洗、存放，保持干净、无油污。

### （二）整理转盘、换台布

轻取转盘，拿下转芯。用清洗剂擦拭转盘，再用干抹布擦净，然后摆放好转芯和转盘。要求：转盘干净、光亮。

按要求将用过的台布撤下，抖净杂物放于指定存放处，再将干净完好的台布及时铺上。要求：新铺台布干净，大小适中，无破损。

### （三）摆放用品

**1. 暖瓶。**先用湿抹布将暖瓶从上到下擦拭干净，再用干抹布擦干，并放于指定位置。要求：无水渍、无污迹、无破损。

**2. 牙签筒、花瓶。**用抹布按先湿后干的顺序，将牙签筒、花瓶擦拭干净，按标准摆放于桌面上。要求：摆放整齐、无水渍、无破损。

## （四）安全检查

检查灯具、窗帘、香巾柜、桌椅等是否正常。关电视、音响、空调、灯、门窗。要求认真负责，检查细致。

### 餐饮服务卫生要求

**1. 个人卫生。**

（1）餐饮服务人员服装要保持整洁、合身，工作中须穿工作服和工作鞋，鞋袜清洁、无异味。要做到四勤：勤洗手、剪指甲，勤洗澡、理发，勤洗衣服和被褥，勤换工作服。

（2）服务员上岗前、便后、上菜前、手摸脸或理头发后，接触过脏东西（如钱币）后都应该用肥皂、热水把手洗净，还须保持指甲洁净，不涂指甲油。

（3）上岗时禁止浓妆艳抹，身上不要喷洒香水，不要佩戴珠宝首饰。

（4）女服务员上班要淡妆打扮，以保持皮肤的细润，显得年轻、有活力。男服务员不化妆，但要经常修胡须、剪鼻毛。

（5）在工作区域内禁止吸烟、嚼口香糖、吃零食。

（6）在工作区域内不要梳理头发、涂抹发胶、修剪指甲或化妆。

（7）不要在食品附近咳嗽、打喷嚏。在客人面前咳嗽、打喷嚏须用纸巾掩住口鼻，并背向客人。

（8）上岗前不食韭菜、大蒜和大葱等有强烈气味的食品。

(9) 当手指受伤流血时，应立即用止血胶带包扎好。

(10) 生病的餐饮服务不能上岗，如有传染疾病应首先治病，在没有得到医生允许的情况下不能上岗。

**2. 环境卫生。** 环境卫生包括餐厅内及餐厅外的卫生。

(1) 餐厅及前厅要天天打扫，桌椅要随时抹净，门窗玻璃要经常控洗。做到四壁无尘、窗明几净、地板清洁、桌椅整洁。

(2) 随时清除垃圾、杂物，要提醒客人不要将残渣吐在地上。对餐厅周围的垃圾溲水要经常清洁，餐厅内不准堆放杂物，凡私人用品和扫帚、拖布、垃圾铲等要放在保管室，切忌堆放在客人洗手池边或厕所过道中。空酒瓶、盒等物品不要堆放在餐厅里。

(3) 厕所要勤冲洗、勤打扫，做到无积尘、无异味。

(4) 要采取有效措施，消灭苍蝇、老鼠和蟑螂等害虫。

(5) 公共场所、大门口、停车场、绿化带等的清洁亦不可忽视，这往往是留给客人的"第一印象"。

(6) 服务人员也是环境清洁的风景线，仪表、仪容、举止都应符合卫生规范。

**3. 食品及餐具卫生。**

(1) 食物的存放实行"四隔离"：生与熟隔离，成品与半成品隔离，食品与杂物、药物隔离，食品与天然冰隔离。

(2) 厨房工作人员在生产过程中，要注意生产中各环节的卫生，如清洗、存放、拿取食品等。厨师应戴工作帽，避免头发掉落在食物上。

(3) 从采购到出品环节要注意食品原料到成品的卫生，要做到：采购员不买腐烂变质的原料；加工人员（厨师）不用腐烂变质的原料；服务员不卖腐烂变质的食品；不用手拿食品，不用废纸、污纸包装食品。

（4）餐具的卫生要做到：一洗，二刷，三冲，四消毒。保证餐具无油腻、无污渍、无水迹、无细菌。

（5）餐厅服务人员在摆放餐具及开餐的服务当中注意不要用手接触餐具的内缘，手指勿与食品接触。

# 4 食物中毒的预防与处理

服务人员在进行餐饮服务时，需要了解和掌握食物中毒的预防与处理知识，一方面是防患于未然，另一方面，当发生突发性食物中毒时，可及时进行处理。

## 什么是食物中毒

当人们误食了含有有毒有害物质的食品或把有毒有害物质当作食品食用之后，就会出现食物中毒。食物中毒可以分为细菌性食物中毒、有毒动植物性食物中毒、化学性食物中毒、真菌毒素及霉变食物中毒。食物中毒既不包括因暴饮暴食而引起的急性胃肠炎、食源性肠道传染病和寄生虫病，也不包括因一次大量或长期少量多次摄入某些有毒、有害物质而引起的以慢性毒害为主要特征的疾病。

食物中毒的特点：

（1）中毒症状呈暴发性，潜伏期短，来势急剧，短时间内可有多数人发病。

（2）食物中毒者在相近时间内食用过某种相同的可疑中毒食物，未食用者不发生中毒，停止食用该食物后，发病很快停止。

（3）一般情况下无人与人之间的直接传染。

（4）所有中毒者的临床表现基本相似，一般表现为急性胃肠炎症状，如腹痛、腹泻、呕吐等。

## ■ 食物中毒的预防

### （一）细菌性食物中毒的预防

人们吃了被细菌污染的肉、鱼、蛋、乳等及其制品如烧、卤肉类，凉菜、剩余饭菜等引起的食物中毒就是细菌性食物中毒。这一类食物中毒的预防措施主要有以下几点：

**1. 防止食物污染。**生熟食品要分开放置和加工。外购熟肉类制品应加热消毒后食用。加工场所及成品存放应有防尘、防虫、防蝇设施。保持加工环境的清洁。患有皮肤病、咽炎者不能接触食品。

**2. 控制细菌生长。**将食物放置在冰箱中或阴暗通风处低温保存。食物不宜在冰箱冷藏室中存放过久。凉拌菜不宜放入冰箱中。注意冰箱的清洁。

**3. 杀灭污染细菌。**在烹调肉类食品时，肉块不宜过大，时间应充分，剩余的饭菜在食用时一定要加热。熟食品在 10℃上存放 4 小时，带肉馅的食品在常温下存放 2 小时以及隔夜存放的食品，在食用前都必须重新加热蒸煮灭菌。

### （二）有毒动植物性食物中毒的预防

人们吃了有毒动物如河豚、贝类及鱼类引起的中毒以及吃了有毒植物如毒蘑菇、不熟的豆角等引起的中毒称为有毒动植物性食物中毒。预防措施有以下几点：

**1. 菜豆中毒。**豆角、扁豆、四季豆、刀豆等菜豆中毒多发生于秋季。在加工菜豆时一定要翻炒均匀，充分加热，烧熟煮透。

**2. 发芽土豆中毒。**把土豆存放在干燥、阴凉处，食用之前把芽、芽眼、变绿和溃烂部分挖去，切好后在水中浸泡 2 小时以上，可使有毒的龙葵素的含量大大减少。烹调时在菜中放些醋，醋酸可以使龙葵素分解成糖根和糖类，并且还有解毒作用。将土豆彻底煮熟煮透，也能解除龙葵素的毒性。

**3. 毒蘑菇中毒。**由于许多毒蘑菇难以鉴别，防止中毒的有效措施就是不要随便采集野蘑菇食用，不认识的蘑菇不采不吃。

**4. 鲜黄花菜中毒。**食用鲜黄花菜时应先用水洗净浸泡，在用沸水焯烫，而后弃汤再行烹炒；加热要彻底，使其熟透再食；食量不宜过多，应适当间隔进食；经干制后的黄花菜可放心食用。

### （三）化学性食物中毒的预防

人们食用被重金属如亚硝酸盐和农药污染的蔬菜、水果以及受有毒藻类污染的海产贝类等引起的中毒称为化学性食物中毒。预防措施有以下几点：

**1. 亚硝酸盐食物中毒。**保持蔬菜的新鲜，不要食用存放过久的变质蔬菜。吃剩的熟蔬菜不可在高温下存放长时间后再食用。不要大量食用泡腌菜，腌菜时盐应稍多，并应需腌制 20 天以上再食用。肉制品中硝酸盐和亚硝酸盐的用量不得超过国家卫生标准。防止错把亚硝酸盐当成食盐或碱面误食。

**2. 有机磷农药中毒。**对可能受农药污染的瓜果、蔬菜，在食用前应用清水浸洗 15 分钟以上，以更好降低农药含量。对于农药在喷洒瓜果、蔬菜后，应过安全期方可采集来加工食用。加强农药管理，严防农药滥用、污染食物。

**3. 镀锌容器性锌中毒和瓷器性化学中毒。** 禁止将酸性食物、酸性饮料、醋等盛放在镀锌铁桶里。不用内壁喷花的搪瓷、陶瓷餐具，茶具等，不要将酸性饮料、酸性食物，盛放在彩釉搪瓷、陶瓷容器内。

### （四）真菌毒素及霉变食物中毒的预防

人们吃了发芽的马铃薯、霉变的甘蔗、未加热煮透的豆浆、芸豆角、杏仁、木薯、鲜黄花菜等引起的食物中毒称为真菌毒素及霉变食物中毒。

真菌性食物中毒是由于真菌毒素和霉变毒素由于不容易被烹煮的高温所破坏，因此预防的手段主要是从食品原材料的源头开始控制，不采购霉变的食品原料，如霉变甘蔗、霉变花生或玉米。在食品原料、半成品和成品的储存中也要注意妥善储存，不能使之发霉变质。在食品加工环节应禁止使用发霉变质的食品原料。

### ■ 食物中毒的处理

（1）立即停止供应及食用可疑中毒食物。

（2）采用指压咽部等紧急催吐办法尽快排出毒物。

（3）尽快将病人送附近医院救治。

（4）马上向所在地的卫生监督所或防疫保健所、疾病预防控制中心报告，同时注意保护好中毒现场，就地收集和封存一切可疑食品及其原料，禁止转移、销毁。

（5）配合卫生部门调查，落实卫生部门要求采取的各项措施。

### 参考文献

吉根宝 . 2009. 餐饮管理与实务 . 北京：清华大学出版社 .

吉根宝 . 2011. 酒店管理实务 . 北京：清华大学出版社 .

孙娴娴.2011.餐饮服务与管理实训.北京：中国人民大学出版社.

王志民，吉根宝.2007.餐饮服务与管理.南京：东南大学出版社.

乡村旅游从业人员丛书组委会.2009.乡村旅游餐饮指南.天津：天津人民出版社.

## 单元自测

1. 托盘服务的操作要领是什么，如何操作？
2. 台布铺设的方法有哪些，其动作要领分别是什么？
3. 如何选择餐巾花形，具体折叠技法有哪些？
4. 中餐上菜程序及标准是什么？
5. 斟酒的方法有哪些？
6. 如何结账？
7. 如何预防食物中毒？

## 技能训练指导

### 一、餐巾折花

#### （一）目的和要求

掌握餐巾折花的 9 种技法，掌握 5 种杯花的折叠方法，了解餐巾花的选择和应用。

#### （二）材料和工具

餐巾、水杯、骨碟、托盘、折花垫盘等。

#### （三）实训方法

**1.** 杯花的折叠。①每人取餐巾 5 张。②折叠 5 种不同的杯花，并按中餐正式宴会摆放餐巾花。③从主人位开始逐一报花名，并介绍每一种花的应用范围和含义。

**2.** 盘花的折叠。①每人取餐巾 5 张。②折叠 5 种不同的盘花，并按宾主顺序依次摆放。

3. 餐巾花识别及应用训练。由一人折叠 10 种不同的餐巾花，盘花、杯花均可，由另一人分别报出花名及每一种花的象征意思和用途。

4. 餐巾花折叠速度测试。按要求分别在指定时间内折出指定的 10 种餐巾花，测试学员折叠速度，要求花型逼真、造型优美、摆放达标。

## 二、托盘训练

### （一）目的和要求

掌握两种托盘方法，了解托盘的选择和应用。

### （二）材料和工具

托盘、水杯、骨碟、酒瓶等。

### （三）实训方法

1. 轻托。①每人取托盘 1 个、装满水的酒瓶 3～4 个。②理盘。③装盘。④起托。⑤站立与行走。⑥落托。

2. 重托。①每人取大托盘 1 个、装满水的酒瓶 7 个。②理盘。③装盘。④起托。⑤站立与行走。⑥落托。

3. 耐力测试。时间不少于 3 分钟。

## 三、中餐宴会摆台

### （一）目的和要求

掌握中餐宴会摆台的方法和步骤。

### （二）材料和工具

直径 1.8 米圆桌 1 张，台布、转盘各 1 个，托盘 2～3 个，骨碟、小餐碗、味碟、筷架、筷子、小汤匙各 10 件，白酒杯、葡萄酒杯、水杯各 10 件，酒瓶等。

## （三）实训方法

**1. 摆骨碟。**距桌边 1.5 厘米，距离相等。

**2. 摆筷架、筷子。**骨碟右侧摆放筷架，筷子摆放在筷架上，筷架在筷子 1/3 处，筷子底部离桌边 1.5 厘米，筷身距骨碟 1.5 厘米，筷套店标朝向客人（如圆桌，筷头指向桌子圆心）。

**3. 摆羹匙垫、羹匙。**在骨碟的正前方，距餐盘 0.5 厘米，匙把向右。

**4. 摆汤碗。**在骨碟左上方，距餐盘 1 厘米。

**5. 摆酒杯。**先将红酒杯放在骨碟的正前方，水杯在左，白酒杯在右。距离 1 厘米，3 个杯成一线，餐巾花放入水酒杯中。

**6. 摆公用餐具。**摆放两套公用餐具，放在正副主人的正前方，筷子 1 双、不锈钢长把勺 1 把，勺把及筷子手端向右。

**7. 摆牙签。**一种摆袋牙签，在骨碟右边；一种摆牙签筒，在公用骨碟的右边，距餐盘 0.5 厘米。

**8. 摆烟灰缸。**从主人的酒具的右侧开始摆，每隔两人摆一个，与酒具平行。

**9. 摆香烟、火柴。**在正副主人右侧，正面向上，紧挨烟灰缸。

**10. 摆菜单。**放两张菜单在正副主人筷子的旁边，下端距桌边 1 厘米。

**11. 摆席次牌。**在主人右手第三位客人的餐具旁，牌号朝宴会厅的入口处。

**12. 摆花。**在桌的中间位置（一般不做统一要求）。

**13. 围椅、检查。**将椅子放齐，仔细检查，发现问题及时纠正。

学习
笔记

# 模块五

## 娱乐服务

娱乐服务是乡村旅游服务当中一个重要的部分。具有较好的娱乐服务技能是乡村旅游服务员从事服务工作的必备技能。同时，娱乐安全问题也是乡村景区内安全的重中之重。因此，乡村旅游服务员应在掌握娱乐服务基本操作技能的同时，也要保障娱乐服务过程当中游客的安全问题。

## 1 瓜果采摘服务

瓜果采摘休闲项目是指客人亲自到瓜果采摘园里采摘与品尝新鲜瓜果以及体验采摘乐趣的一项休闲活动。

图5-1 水果采摘

## ■ 瓜果采摘项目认知

### （一）瓜果采摘项目产生的原因

20 世纪 90 年代，我国大中城市的工薪阶层、白领阶层和金领阶层为了放松工作压力，和全家人一起到郊区的旅游度假村或田园度假村小住几天。主要目的是放松心情，体验瓜果采摘的乐趣，品尝新鲜瓜果。

### （二）采摘园常见瓜果品种

**1. 瓜类。** 西瓜、甜瓜、哈密瓜等。
**2. 果类。** 苹果、葡萄、梨、草莓等。
**3. 蔬菜类。** 青菜、萝卜等。

## ■ 瓜果采摘服务流程

### （一）微笑服务

接待员、服务员等所有工作人员都要微笑服务每一位客人。

微笑服务标准：笑意要自然流露；用眼睛微笑，体现真诚；有亲和力，使客人感到亲切。

### （二）电话预约服务

为客人提供电话预约服务时，要用标准化的礼貌用语，亲切交流，如"您好，我是接待员某某，请问需要为您提供瓜果采摘接待服务吗?"

### （三）咨询服务

瓜果采摘接待处一般设置在大厅，方便客人咨询有关事宜。

热情、主动地接待客人，用规范化用语提供服务，如"您好，在采摘园有各类瓜果，价格都低于市场的出售价，如您带上度假村给您发的客人优惠卡还可以打折。"

## （四）接待和引领服务

独立经营的瓜果采摘园距离一般较近，不需要乘车，接待员为客人进行引领服务的时候要礼貌地走在客人的左前方，与客人保持 2 米左右的距离。

合作经营的采摘园，距离一般较远，引领客人到采摘园时，告诉客人开上自己的车或乘坐度假村为客人准备的专车。

有大批旅游顾客时，要提前到专车旁边为客人安排座位，坐在与司机较近的地方为司机指路，到达后走在客人前面，礼貌引领客人。

离开采摘园时要引领客人按照次序回到车上，提前站立在车门口，帮助客人提拿水果袋。

## （五）客人采摘与品尝时提供服务

客人在采摘时，服务员要简单介绍瓜果品种和营养价值，并为客人提供 1～3 个水果袋。尽量帮助有需要的客人提拿水果袋，并适时地帮助客人采摘成熟的瓜果。

当顾客提出品尝新鲜瓜果的要求时，服务员要及时为客人冲洗瓜果。

参与采摘过程中，服务员要积极主动地参与到客人的采摘活动中，随时关注客人的个性化需求，真诚地为客人提供采摘服务，瓜果采摘服务流程见图 5 - 2。

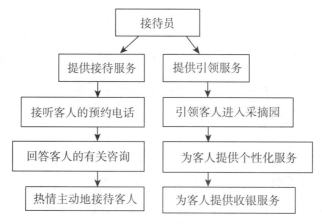

图 5 - 2　瓜果采摘服务流程

## 瓜果采摘服务单项技能考核

| 考核项目 | 标准分 | 得分 | 扣分 |
|---|---|---|---|
| 迎接客人 | 6分 | | |
| 预约服务 | 10分 | | |
| 礼貌用语 | 10分 | | |
| 咨询服务 | 6分 | | |
| 采摘品尝服务 | 6分 | | |
| 农产品导购服务 | 6分 | | |
| 总成绩 | | | |

## ⚠️ 温馨提示

### 瓜果采摘服务注意事项

（1）当大批旅游顾客进入采摘园时，要及时提醒客人按次序进入，不要一拥而入，提醒客人注意安全。

（2）要微笑地帮助客人，特别是要注意走路不方便的老年客人，主动热情地搀扶老年人进入采摘园。

（3）在客人有需要的时候，认真为客人介绍采摘品种。

（4）为客人提供服务时要做到"三不"：不要站在距离客人3米以外的地方。不要远远地看着客人，使客人感到服务没有到位。不要一直尾随在客人的后面。

（5）主动提示客人采摘已经成熟的新鲜瓜果。如在帮助客人选择草莓时，要选择粒大、清香浓郁的草莓。

（6）如果客人对果实成熟度把握不准，要告诉客人采摘园为顾客提供一定数量的免费品尝服务项目，并礼貌地提醒客人要把水果清洗后才能食用，提供相应的清洗工具。

（7）请客人留下书面意见，如对瓜果质量、重量、价格、服务等提出意见。

# 2 鱼塘垂钓服务

鱼塘垂钓是一项高雅的休闲活动，不仅可以使人放松心情，减轻工作中的压力，而且具有陶冶情操、平和心态和养心静气的作用。如今，越来越多的乡村旅游点设置了鱼塘垂钓休闲项目，主要是凭借天然鱼塘或利用大自然的水源，修建人工鱼塘放养鱼苗，安排具有专业知识的服务人员为客人提供个性化服务。

图5-3　鱼塘垂钓

## 鱼塘垂钓项目的经营模式

### （一）独立经营

度假村康乐部门聘请有养鱼经验的专业技术人员参与管理，并由康乐部主管和服务人员为客人提供垂钓服务。

度假村与养鱼专业户合作经营时，需要度假村法人代表与养鱼专业户签订合作经营协议后，康乐部安排一名主管和2～3名服务人员参与鱼塘垂钓项目的管理和服务。

### （二）承包经营

度假村法人代表把鱼塘承包给养鱼专业户管理，并签订承包合同，康乐部不参与鱼塘的管理和技术，只负责为鱼塘提供客源和服务。

## 鱼塘垂钓服务流程

鱼塘垂钓服务流程见图5-4。

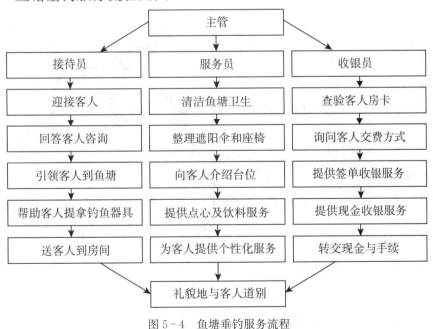

图5-4　鱼塘垂钓服务流程

此外，还要为客人提供以下服务：

（1）选择最佳垂钓天气：室外鱼塘气温最好低于30℃；阴天并伴有小雨和微风是垂钓的理想天气；傍晚刚下完雨，天高气爽，空气清新，也是适合的垂钓天气。

（2）选择合适的时间垂钓：一般是早上9点以前或下午5点以后。这两个时段，水温低，鱼的食欲比较旺盛。

（3）提醒客人垂钓之前的准备：少饮酒，最好不饮酒；保证前一天的睡眠，精力充沛；准备好垂钓所用的工具。

## ■ 鱼塘垂钓的安全事项

客人在垂钓时，服务人员要从以下方面提醒客人注意安全：

（1）甩杆前避开空中电线，特别是高压线。

（2）确保钓鱼台的位置安全和进出方便。

（3）座椅要合适，一两个小时要活动一下。

（4）雨后垂钓要防止摔倒。

（5）草丛密集地带要防止被蛇咬。

（6）夏季天气炎热，要防止中暑。

（7）水的反射光刺眼，可带上墨镜。

（8）抓鱼后要用肥皂水洗手。

（9）保持良好心态，避免和其他垂钓客人争吵。

图5-5 垂钓安全提醒

## ⚠️ 温馨提示

### 垂钓鱼塘的管理

1. 开塘之前要清淤晒塘。由于客人垂钓的鱼塘大多是以养殖鲤鱼和鲫鱼为主，鲤鱼和鲫鱼属于底栖鱼类，喜欢贴泥游动，容易弄浑池水且不易上钩，从而影响客人的垂钓兴趣。

2. 冬末春初，放养鱼苗。鱼塘的服务人员要在冬末春初开塘之后，向鱼塘投放大批鱼苗。

3. 科学喂养，控制鱼食的投喂量。鱼塘垂钓园的经营者要根据鱼苗的生长规律，与度假村合作经营的专业技术人员以及养鱼专业户科学地喂养鱼苗。

### 鱼塘垂钓服务单项技能考核

| 考核项目 | 标准分 | 得分 | 扣分 |
|---|---|---|---|
| 迎接客人 | 6分 | | |
| 预约服务 | 10分 | | |
| 礼貌用语 | 10分 | | |
| 咨询服务 | 6分 | | |
| 垂钓工具服务 | 6分 | | |
| 农产品导购服务 | 6分 | | |
| 总成绩 | | | |

# 3 棋牌娱乐服务

## ▋ 棋牌娱乐项目认知

如今，越来越多的乡村旅游度假村设置了棋牌娱乐服务项目，为客人安排了一系列的棋牌娱乐服务。棋牌娱乐项目主要有国际象棋、中国象棋、围棋、麻将牌、扑克牌等。入住乡村旅游景点的客人，借助棋牌娱乐室的设施，在一定的规则的约束下，运用智力和技巧进行比赛或游戏，从而减轻了工作压力，愉悦了心情，获得了精神享受。

## ▋ 棋牌娱乐服务流程

### （一）迎接客人

客人由迎送岗服务员引导至棋牌区，服务员应主动热情地上前迎接，行鞠躬礼，微笑说："先生/女士，您好，欢迎光临！"在客人右前方两三步处引导其进入棋牌室，遇台阶处或拐弯处，要指着客人前方地面作关心提示"小心台阶！小心拐角！"棋牌室服务员服务等待时，应保持规范的站姿，保持安静，随时准备接待工作。服务员在引导客人的过程中要有礼貌地问询客人："先生/女士，您几位？"在了解同行人数的情况下，报知前台。用余光回顾后面客人是否跟上，并介绍清楚收费标准。

### （二）房间接待

进入房间后，迅速开灯，用手示意顾客并说："里面请，您看这里可以吗？"如果客人是进行麻将牌娱乐，服务员要帮助客人打开麻将机电源开关，并设置好牌张。对不会使用麻将机的顾客，应仔细介绍麻将机的使用方法及注意事项，并给予示范。

### （三）点茶水

接待工作完成后，礼貌咨询顾客需要喝什么茶水，将水牌双手递给顾客，并介绍茶水种类及消费详情。准确默记每位顾客所点茶水及特别要求。点好后将所点品种、数量复述一次，讲明免费赠送的水果、干果。礼貌询问哪位顾客有手牌，并请顾客签字确认。退出房间时要关上门，跟顾客交谈时要热情、大方、有礼貌。

### （四）送茶水

服务员送茶水时要敲门，将茶水依次送到对应顾客旁，注意握住茶杯的杯身轻放茶杯，切忌握杯口。茶水都上齐后，礼貌询问哪位顾客有手牌，并请顾客签字确认。准备离开时，告知顾客如需要其他服务请长按 2 秒服务铃。退出房间后关门，并将单送至前台。

### （五）巡视服务

顾客在消费期间服务员要关注客人的动态，及时增加茶水，更换烟缸，维护棋牌室室内卫生。

### （六）结账

顾客消费结束后离开棋牌室，服务员要提醒顾客带好手牌及随身物品，并协助检查，以免顾客东西遗漏，把顾客带至鞋吧或更衣室换鞋或衣服。如果顾客需在房间内结账，服务员应迅速到收银台打印好消费单回到棋牌室，询问哪位顾客买单，双手递给顾客消费单让其过目，并告知消费总额。

顾客走后，服务员要迅速做好棋牌室室内的卫生，补充棋牌室室内的物品，准备接待下批顾客。

## ❗温馨提示

棋牌娱乐服务注意事项

棋牌娱乐室的服务人员在为客人提供麻将牌、国际象棋、中国象棋、围棋、扑克牌服务时，需要注意以下有关事项：

（1）接待员在为客人提供接待服务时，要确认客人预订的活动项目以及活动时间和收费标准。如客人是棋牌俱乐部的会员，接待员要根据会员证的有关内容，为客人提供优惠服务。因参与棋牌娱乐活动的客人一般都需要安静，因此，服务员在为客人提供茶水饮料服务时，应先敲门三下，得到客人许可后再进入棋牌室。

（2）服务员在为客人提供茶水饮料服务后，要立即离开棋牌室，不宜站在客人身后观看，或与客人讨论牌局，更不能参与棋牌游戏。同时，也要提醒客人，不允许在棋牌娱乐活动中有赌博或变相赌博等行为。

（3）服务员在为客人更换烟灰缸时，要格外地细心和用心，不要让烟灰散落在客人面前。

## 棋牌娱乐服务单项技能考核

| 考核项目 | 标准分 | 得分 | 扣分 |
|---|---|---|---|
| 迎接客人 | 6分 | | |
| 迎领服务 | 10分 | | |
| 开门服务 | 10分 | | |
| 咨询服务 | 6分 | | |
| 提示服务 | 6分 | | |
| 清理房间服务 | 6分 | | |
| 总成绩 | | | |

## 参考文献

牛志文.2010.康乐服务与管理.北京：中国物资出版社.

杨晓琳.2009.康乐服务.北京：中国铁道出版社.

## 单元自测

1. 瓜果采摘的整个服务流程是什么？
2. 鱼塘垂钓的经营模式主要有哪些？
3. 客人在进行鱼塘垂钓的注意事项是什么？
4. 棋牌娱乐的服务流程有哪些？
5. 客人在进行瓜果采摘时应注意什么？

## 技能训练指导

### 麻将牌服务训练

**1. 迎客服务。** 语言："您好！欢迎光临！"动作：微笑/鞠躬/问候。说明："欢"字开始致礼。

**2. 客情分析。** 一看，二听，三问，四思考。准确预判顾客的消费欲望和意想。说明：服务员要对包房的预定或使用情况有一定的总控性，合理分派包房。

**3. 引领服务。** 语言："几位，请跟我来！"动作：单手指引，位于顾客前方。说明：基本定位主要消费顾客，引导消费。

**4. 询问顾客。** 语言："请问您是使用 VIP 麻将室，还是使用普通麻将室？"动作：回头照应顾客。说明：根据顾客熟悉程度、时间、包房利用率，合理引导顾客。

**5. 开门服务。** 动作：一手打开房门，一手顺势开启房间电灯，在顾客前到达麻将桌靠门一边。说明：身位停止后，回身等待顾客。

**6. 协助服务。** 如果房间无麻将牌，请同区域服务员赶快送来两副麻将牌。说明：麻将牌一定是两个颜色的。

**7. 确认房间。** 语言："几位，您看这个房间可以吗？"动作：靠房间内侧手展开示意。说明：目光集中主要消费顾客，等待回应。

**8. 拉椅让座。** 语言："您请坐。"动作：拉开椅子，在顾客膝盖弯曲时顺势推进椅子。说明：针对一位顾客既可。

**9. 介绍服务。** 语言："几位晚上好！我是本包房的××号服务员，很高兴为您服务。您所在的是 VIP/普通棋牌室。每小时收费××元。下面我来演示一下洗牌机的使用方法，可以吗？"说明：演示环节根据实际情况执行，在靠门处牌桌角落操作。

**10. 推销。** 语言："您好！在长时间的打牌过程中，不免口渴，你们需要点些茶水和小食品吗？我们为您准备了……"说明：将消费价目表交于主要消费对象或女宾客面前。

**11. 开始计时。** 语言："对不起！还得打扰一下，现在的时间是

××时××分，麻烦和我校对一下时间。"说明：下好单子，目光环视等待回应。

12. 下单。语言："劳驾，记一下某位的手牌号码，请签字。"动作：把笔给签字顾客，单夹朝向顾客，指明签字位置。说明：操作时上身弯曲。

13. 提示服务。语言："如果几位有什么吩咐，请拨电话××××，我马上会到。"动作：单手指引墙上电话。说明：回到介绍服务时的位置。

14. 祝愿服务。语言："祝您玩得开心！"动作：微笑、鞠躬，退后一步，转身离开。说明：出房间时，注意关门。

15. 其间服务。大约每30分钟进入房间一次。进入房间时带托盘、烟缸、热水壶、小抹布。进房间清理、换烟缸、加热水。说明：根据实际情况，灵活操作。

16. 下单。语言："几位，你们一共消费了×小时，请签字确认。"说明：确认消费开始时间、结束时间、共计时间。

17. 提示服务。语言："请带好手牌及随身携带物品，以免丢失。"动作：马上检查桌、椅等大件设备是否有损坏。说明：不要动麻将机。

18. 送客服务。语言："各位请慢走！欢迎下次光临！"动作：引领客人到大区域门口，鞠躬，道别。说明：观察顾客去向，及时输单。

19. 验牌。开启麻将机，把散牌放入进行洗牌，弹出一套即收进盒子，检查麻将牌是否完整。说明：送走客人，快速回到包房。

20. 清理房间。先把麻将牌归还吧台，玻璃器皿和瓷器归还消毒间或清理间。说明：低峰期也要迅速完成。

学习
笔记

# 模块六

## 住宿服务

客房的预订和住宿登记是乡村旅游景区中不可缺少的部分。因此，乡村旅游服务员应了解和掌握客房的预订、客人的入住登记、客房清扫、客人结账离店等各项操作技能，同时必须掌握基本的防火安全知识。

## 1 客房预订

客房预订的基本流程如下：

第一步：接听电话。

（1）电话铃响 3 声或 10 秒钟以内拿起电话。

（2）一只手拿起圆珠笔，笔落在预订单（记录簿）上。

第二步：问候通报。

问候客人："您好，××农庄为您服务。"或"早上/下午/晚上好，××农庄为您服务。"

第三步：聆听需求。

（1）问清客人姓名、预订日期、预订房数、房型及有无特殊要求，边听边在预订单上做相关记录，并将客人的订房内容向客人复述一遍，以确保无误。

（2）查看电脑及预订控制簿。

第四步：介绍房型与价格。

（1）介绍房间种类和房价（口头上可向客人介绍 1～2 种房间类型及特点、价格），尽量从高价向低价进行介绍。

（2）如果客人的来源是单位，询问客人公司（单位）名称。

（3）查询电脑，确认是否属于合同单位，以便确定优惠价。

第五步：询问付款方式。

（1）询问客人付款方式，在预订单上注明。

（2）公司（单位）或旅行社承担费用者，要求在客人抵达前电传书面信函，做付款担保。

第六步：询问抵达情况。

（1）询问客人抵达航班（车/船）次及时间。

（2）向客人说明预订房保留时间，如果是旅游旺季，需要建议散客做担保预订（提前支付定金）。

（3）向客人致谢，并向客人表达期待光临之意。

> （!）温馨提示
>
> 在客房预订服务时，如果不能及时地满足客人的订房要求，应该向客人致歉，同时请客人留下联系方式，告知客人，一旦有条件时马上与之取得联系，并大致确定下次通话时间。

### 客房预订服务模拟对话

预订员：您好！××农庄前台，请问有什么可以帮您？

客人：我想订一个房间。

预订员：好的，请问您贵姓？

客人：王洋。

预订员：好的，王先生，请问您需要什么样的房间呢？我们有双床房和大床房。双床房每晚180元，大床房每晚220元，都含两份早餐。

客人：要一间双床房吧。

预定员：好的，王先生，请问您需要住哪几天呢？

客人：就明天一个晚上。

预订员：好的，王先生，那就帮您订明天一个晚上的一间双床房。您明天大概什么时候到农庄来？

客人：大概下午3点钟到。

预订员：好的，王先生，方便留一下您的联系电话吗？

客人：好的。电话是123456789。

预订员：王先生，跟您确认下您的预订信息，您订的是明天的一间双床房，住一晚，价格是180元含两份早餐，您的电话是123456789，您明天下午3点钟到我们农庄，对吗？

客人：是的。

预订员：王先生，我们酒店的入住时间是下午两点以后，退房时间为中午12点以前，您的预订将被保留到当天下午6点，如有变化请及时通知我们。如您需要做担保预订，请您提供您的信用卡号，您的订房我们将保留到次日12点，如您当晚没有办理入住，我们将从您的卡上扣除当晚房费。

客人：好的，知道了。

预订员：好的，稍后您的预订号将以短信的形式发送到您的手机上，请注意查收，如有疑问或未收到，请及时与我们联系。王先生还有其他需要吗？

客人：没有了。

预订员：好的，王先生，非常感谢您的来电，我们期待着您的入住，再见！

# 2 入住登记

## ■ 散客入住登记

### （一）准备工作

1. 掌握客人信息及客房信息。在客人抵达前，接待员要掌握当日抵达客人的信息及客房状况，包括预抵店客人名单、预抵店重要客人名单和可供入住客房情况。

2. 做好房间预分方案。预分房时一般按照 VIP 客人、常客、特殊要求客人、团队客人、散客的顺序进行安排。

3. 检查待入住房间状况。对预留的房间，接待员要与客房部保持联系，使房间尽快进入入住状态。

4. 准备入住资料。将登记表、欢迎卡、客房钥匙、账单和其他有关单据、表格等按一定顺序摆放，待客人入住登记时使用。

### （二）入住登记流程

1. 查看客人有无订房。客人抵店时接待人员要表示欢迎，询问客人有无订房。若有订房，问清客人订房人姓名，确认订房内容。若没有订房，查看房态表，如有房间，为客人介绍房间情况及选房；无房间，婉拒客人。

2. 协助客人填写入住登记表。首先请客人填写入住登记表，同时请客人出示相关证件，接待员核对、扫描证件。

3. 排房定房价。为客人分配房间，确认房价和离店日期。

4. 确认付款方式。与客人确定付款方式，是使用现金、信用卡还是转账。

5. 发放欢迎卡及解释相关事宜。发放房卡及相关资料，提醒客人贵重物品寄存及退房时间，告知客人通往房间的路径并祝住店愉快。

**6.** 信息存储。将所有信息输入电脑，检查信息正确性，并输入客人档案中。最后登记卡放进客人档案中以便随时查询。

### 散客入住登记模拟对话

接待员：您好。

客人：您好，我在你们农庄预订了房间。

接待员：请问您怎么称呼？

客人：我姓王，叫王洋。

接待员：王先生，请稍等……是的，王先生，您预订的是从 10 月 2 日至 10 月 4 日的一间标准间，是吗？

客人：是的。

接待员：王先生，请出示一下您的身份证。

客人：好的。

接待员：谢谢（查验有效证件，填写入住登记表相关信息，交还身份证）。王先生，您是用现金结账，对吗？

客人：是的。

接待员：那么请您预交一下押金，好吗？押金一共是 700 元。

客人：好的（客人交完押金，接待员呈递押金底联）。

接待员：谢谢您，王先生，您的房间号码是118，这是您的房卡和钥匙，请您拿好，沿着左手边的这条通道一直往前走就到了，希望您在这里居住愉快。

## ■ 团队入住登记

团队入住登记的基本程序如下：

（1）仔细阅读预订处发来的团队信息，打开团队信息文件夹，将团队预订单以及其他相关信息放在此文件夹中。

（2）夜班负责按团队预订单的要求分房，尽量将同一个团队安排在相同或相邻的楼层。

（3）早班领班或服务员检查团队房卡、早餐券的准备情况，将确认后做好的团队房卡、早餐券放在团队信息夹内。

（4）早班领班或服务员在团队抵店前3小时必须确认完排房。与办公室或销售部再次确认团队预抵时间。

（5）在团队抵达前1小时，必须再次确认给预抵团队房间的房态是否都已达到可入住标准。

（6）引领团队客人到入住登记处，取出准备好的团队登记单与领队或团队陪同确认该团用房数、房型，房晚数、陪同房号、付费方式、叫醒及用餐信息，并逐一登记于团队确认书上。

（7）所有团队用房的房号确认后，在发钥匙之前，必须抄录在前台的团队确认书上，请陪同或领队签收。

（8）前台接待必须向陪同收取团队客人名单，确保客人全名、性别、出生年月、证件号码及对应的房号齐全。

（9）前台应及时将由领队或陪同确认过的团队单及时分发到餐饮部和总机，便于电话叫醒等工作准备。

（10）领队、陪同或会务组房号信息必须在电脑中注明。

（11）按房号录入团队客人的姓名。

（12）检查团队的付款方式及团体付费情况。

（13）次日早班领班或服务员必须检查前日进店团队房间餐费及其他费用是否已入电脑及是否有消费账单在前台。

# 3 离店服务

客人离店时，按照以下程序提供服务：

（1）客人来到总台，前台员工应在客人距离前台约 3 米时向客人点头微笑示意，如果是坐式前台，客人距前台 2 米时站起来向客人微笑打招呼。

（2）向客人致以问候语"上午/下午/晚上好，××先生/女士（如知道姓氏用姓氏称呼），请问您要退房吗?"

（3）若是坐式前台，示意客人落座，请客人出示房间钥匙，"请您出示一下您的房间钥匙好吗?"

（4）用双手接过客人递过来的房间钥匙，在读卡器上核对确认，并与客人核对房号无误后，通知服务中心查房，"您好，我是前台，××房间退房。"

（5）在前台文件柜里抽取客人的住房单，询问客人在店期间的满意程度，"××先生，您在我们酒店住的还满意吗?"请客人留下宝贵意见并向客人致谢。与客人确认付款方式，"请问××先生/女士，您是用什么方式结账?"

（6）若确定该客人为现金方式结算：①请客人出示押金单结账。②若客人为合作单位或个人，可以免查房，询问客人有无消费后，直接办理结账。若客人是普通客人，需通知客房部工作人员查房，确认客房物品无缺失损坏无消费后办理结账。③查看客单，复核钱款无误后，双手收下现金唱收唱付找零。④在客单上盖上"已付款"字样的印章后，把客单和找零一起交给客人。

（7）若客人为信用卡方式结算：①在 POS 刷卡机上进行刷卡操作。②请客人在签字处签字确认，并将客人联交给客人收好。

（8）打出总账单，请客人确认账务。"××先生，这是您的账单，请您确认一下"，确认无误后，请客人在账单上签字。

（9）若客人将账务已结清，将客人所需的账单、发票、信用卡交易单客人联装订在一起装入信封中，双手递给客人。

（10）结算结束后与客人道别，"再见，××先生/女士，欢迎您再次光临。"

整个服务过程不超过 5 分钟。

### 客人离店服务模拟对话

收银员：您好，王先生（尽量以客人的姓氏称呼客人），请问有什么需要帮助的吗？

客人：您好，我要结账。

收银员：好的，请告诉我您的房号或姓名。

客人：我住在 1108 房间，我叫王洋。

收银员：谢谢，请稍等（在电脑中调出客人信息，打印账单，双手递给客人）。这是您的账单，请过目。

客人：（给付现金）请给我开发票。

收银员：（接收客人的现金，核实真伪）好的，收您 600元，请稍等（找零，填写发票，递给客人）。王先生，这是您的发票和找零 30 元，请收好。

客人：谢谢，再见。

收银员：不用客气，欢迎下次再来。

# 4 客房清扫

## ■ 客房状态认知

客房状态即房态，前台服务员及客房服务员都应掌握各种房态，目的是为了确定客房清扫的顺序和对客房的清扫程度，避免随意敲门，惊扰客人。

客房状态主要有表6-1所示几种。

表6-1 客房状态及含义

| 客房状态 | 含 义 |
|---|---|
| 空房 | 前夜没有客人住宿的房间 |
| 已清扫房 | 已经清扫完毕，可以重新出租的房间 |
| 未清扫房 | 没有经过打扫的房间 |
| 走客房 | 客人已经结账并离开房间 |
| 住客房 | 客人正在住用的房间 |
| 准备退房 | 客人应在当天中午12点以前退房，但现在还未结账退房的房间 |
| 请勿打扰房 | 该房间的客人不愿意受到任何打扰 |
| 贵宾房 | 该房间的客人是酒店的重要客人 |
| 请即打扫房 | 客人要求立即打扫的房间 |
| 维修房 | 房间设施设备发生故障，暂不能出租 |
| 外宿房 | 客房已被租用，但客人昨夜未归 |

## （一）不同状态客房的清扫要求

**1.** 简单清扫的客房。如空房，一般只需要通风、抹尘、放掉积存的陈水等。

**2.** 一般清扫的客房。如长住房。

**3.** 彻底清扫的客房。如走客房、住客房和VIP房。

## （二）客房清扫顺序

**1. 入住率高时。**按请即打扫房→VIP 房→空房→走客房→住客房进行打扫。

**2. 入住率低时。**按请即打扫房→VIP 房→空房→住客房→走客房进行打扫。

## （三）客房清扫原则

从上到下、从里到外、先铺后抹、环形清理、干湿分开。

### ■ 清扫流程

在客房清扫前，要准备工作车或清洁篮、卫生清洁工具、清洁剂、房间耗用品等。工作车布置如图 6 - 1 所示。

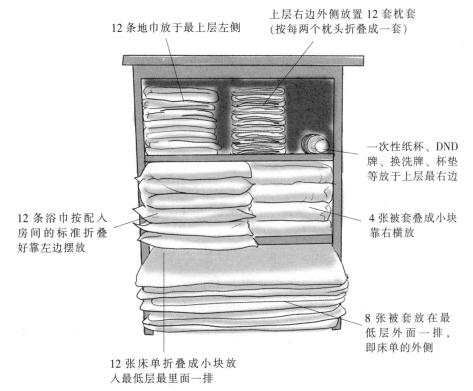

12 条地巾放于最上层左侧

上层右边外侧放置 12 套枕套
（按每两个枕头折叠成一套）

一次性纸杯、DND
牌、换洗牌、杯垫
等放于上层最右边

12 条浴巾按配入
房间的标准折叠
好靠左边摆放

4 张被套叠成小块
靠右横放

8 张被套放在最
低层外面一排，
即床单的外侧

12 张床单折叠成小块放
入最低层最里面一排

图 6 - 1　客房清扫工作车布置规范

## （一）进入客房

**1. 敲门入房。**进入客房整理卫生前不管客房内有无客人必须敲门。用食指或中指第二关节处在门上敲 3 次，每次 3 下，3 秒钟 1 次，同时报"客房服务员"。如有应答声，礼貌询问宾客是否需要整理房间，得到同意后方可进入房间整理。如无应答声，先把门推开 45°角，用眼睛观察房内情况，经确认无人后方可进入房间。

**2. 填写工作量化表。**写上进房时间等内容。

## （二）收拾垃圾

把窗帘拉开，使室内光线充足。关上房内电灯及电器。将茶几、桌面、床头柜上的杂物确认无用后连同纸篓内的垃圾一起倒入工作车上的垃圾袋内。

## （三）撤床

将两张床拉出离床头 50 厘米，将 B 床上的棉被枕芯分别放在围椅上，将 A 床棉被枕芯放在 B 床上。在撤床时要注意床单、被套等物品内是否夹有其他物品。

## （四）铺床

拿上干净床单、枕套、被套放在 B 床上。

**1. 铺床单。**先做 A 床，床单正面朝上，床面平整，包边包角，要求边角平整、结实、对称。

**2. 套被套，打枕线。**把被套、被褥放在床上，被套打开，被套在前，被褥在后，将被褥两角塞进被套两脚并固定，双手将后面的被褥均匀的装进被套中并系好。被套正面朝上，平铺于床上，两边下垂尺度相同，被尾离地面 10~15 厘米。打枕线，把床头部分被子回折 40 厘米左右。

**3. 套枕套。**用双手将枕套抖开，让空气进入枕套内。一手拿枕头的前方，一手将枕套张开，将枕头塞入枕套。拿枕头前方的手需放开并将枕头两角塞到枕套两角。

**4. 放枕头。**将两个枕头居中放置，枕套口背向床头柜。

A 床铺完后用同样方法铺 B 床。

## （五）抹灰

准备干、湿两种抹布，干布抹尘，湿布除渍。

从门铃开始抹起，按顺时针方向由上而下由里到外进行。具体顺序如下：

门框及房门正、背面→衣柜内外→迷你吧、热水壶→行李柜内外→电视机、电冰箱内外、电视柜内外→梳妆镜、台灯、书桌及抽屉→玻璃窗、窗台、窗轨、窗台下方地角线→围椅及茶几→落地灯→床头板边沿→床头柜、电话→挂画和地脚线。

注意：抹尘同时检查设备设施是否齐全，摆放标准；电器用干布抹，床头板边沿用干布抹。

## （六）清洁卫生间

（1）将清洁篮放到卫生间云石台靠墙一则，准备清洁卫生间。

（2）用把适量马桶清洁剂倒入马桶内反应 3 分钟。

（3）清洗淋浴间，用玻璃水清洁玻璃并擦亮金属器。

（4）把热水壶的水倒掉并擦干净，清洁杯具、烟灰缸。

（5）用百洁布沾清洁剂清洁洗脸台、洗脸盆。

（6）用马桶刷洗马桶，用专用抹布擦干净马桶坐垫、盖板、外壁和水箱。

（7）用专用抹布清洁防滑垫、墙壁，用抹布倒退擦拭卫生间地面，做到无毛发、无污渍。

注意：清洁完毕总体要做到面盆干净，沐浴间干净，地漏光亮，镜面干净明亮，马桶干净，小五金光亮无水迹，地板干净无杂物，卫生间总体干净无异味。

## （七）补充物品

（1）更换卫生间中巾、地巾、浴巾，按规定摆放。

（2）防滑垫和地巾按规定摆放。

（3）香皂、洗发露、沐浴露、润肤露、浴帽、牙具、梳子、剃须刀、卷纸等耗品补齐，并按规定摆放。

（4）套垃圾袋。

（5）补充火柴、茶叶等。

## （八）吸尘

用吸尘器从里到外吸尘，注意房间的死角、窗帘后、床底等处，吸完后把家具归位。

## （九）检查

（1）关窗、纱窗，窗帘打开。

（2）环顾房间是否有遗漏。

（3）关房门。

（4）填写离房时间及其他情况。

### 客房服务员的交接班

（1）服务员签到上班后立即到所属区域进行交接班。

（2）在交接班的10分钟内阅读完交接班本上的内容，掌握其交代的事项。

（3）核对房态，确保房态准确无误。

（4）注意是否有 VIP（重要客人）房，如有应交接清楚。

（5）问清上一班人员是否还有需特别注意事项。

（6）交接班本阅读完毕后，将需进行记录的事项如实记录并签名。

（7）接班人对上一班人员未完成的工作继续跟进完成。

## 火灾的预防与逃生

酒店是火灾易发的场所之一，酒店一旦发生火灾，不仅对财产造成巨大损失，更为严重的是火灾会直接威胁到住店客人和员工的生命安全。作为酒店服务人员，必须清楚地认识火灾的危害性，在工作中切实做好火灾的预防工作，把火灾发生的可能性降到最低程度；必须掌握逃生的方法，一旦发生火灾，可帮助客人逃生和自救。

**1. 火灾的预防。**

（1）客房内应禁止客人使用除固有电器和宾客使用的小电器外的其他电器设备，特别是电热设备。

（2）应禁止客人将易燃易爆物品带入宾馆，如有需要携带易燃易爆物品的宾客，应立即交前台服务员处妥善保管。

（3）住宿及观光区域内，严禁燃放烟花、爆竹，如要燃放，需在景区指定的区域内进行。

（4）客房内应配有禁止卧床吸烟等安全标志及应急疏散指示图，旅客须知，宾馆内部消防安全指南等。客房外部的一些重要区域应设立醒目的疏散线路图和安全标志。

（5）服务员在清洁房间时，应检查烟灰缸及垃圾桶内是否有未熄灭的烟蒂，如有要及时处理，同时对醉酒客人应特别注意。

（6）客房内的台灯、壁灯、落地灯、床头柜控制设备应安全可靠。客房服务员在清洁房间时应注意设备设施的完好性。

**2. 火灾逃生要领。**

（1）在宾客入住酒店时应告知疏散通道的情况（客房门后面贴有安全疏散图）。

（2）服务员应清楚了解灭火器材的位置，一旦发现火情，立即寻找最近的警铃报警或拨打消防中心电话。

（3）当发生火灾时，如果火势不大，且尚未对人造成很大威胁时，应果断使用灭火器、消防栓等消防器材进行灭火，千万不要惊慌失措地乱叫乱窜，置小火于不顾而酿成大灾。

（4）如火势无法控制，应首先切断失火区域的电源，然后向酒店的消防中心报警，组织客人疏散，并积极协助扑救火灾。

（5）在疏散客人时，应指挥客人迅速从疏散通道撤离，千万不能搭乘电梯。离开房间时，随身带一条湿毛巾，经过烟雾区时，用湿毛巾捂住口鼻，以防有毒气体。逃生中经过浓烟区时，应弯腰或爬行前进。

（6）若有可能，用一件针织衣浸湿，套在头上，便可以成为简单的防毒面具。

（7）可用牙膏涂在暴露在外的皮肤上减轻火的熏烫。

（8）若身上着火，应就地滚动压灭火焰，切勿奔跑。

（9）要仔细观察前进的方向，按照酒店的疏散图从最近通道疏散。

（10）疏散时，服务人员应把楼道上所有房门关上以阻止火势蔓延。

（11）逃出客房时，切记把房门钥匙带上，如疏散路线中断可以退回房间进行自救并等待救援。

（12）若被困在房间内，在紧急情况下可以选择绳索逃生方法逃生。

## 参考文献

吉根宝 . 2011. 酒店管理实务 . 北京：清华大学出版社 .

贾晓龙，蔡洪胜 . 2012. 酒店服务技能与实训 . 北京：清华大学出版社 .

刘海珍 . 2009. 营养与食品卫生 . 广州：广东旅游出版社 .

中国就业培训技术指导中心 . 2011. 客房服务员（中级）（第 2 版）. 北京：中国劳动社会保障出版社 .

中国就业培训技术指导中心 . 2011. 前厅服务员（中级）（第 2 版）. 北京：中国劳动社会保障出版社 .

## 单元自测

1. 酒店前台入住登记有哪几个步骤？

2. 客房清洁的步骤是怎样的？

3. 如何帮客人结账？

4. 发现火情应如何处置？

## 干粉灭火器的使用

### （一）目的和要求

掌握干粉灭火器的使用方法和步骤。

### （二）材料和工具

干粉灭火器若干，火盆1个。

### （三）实训方法

**1. 训练准备。**在室外空旷场地，在火盆内置可燃物，点燃后让学员依次使用灭火器灭火。

**2. 训练步骤。**

（1）在距离起火点5米左右的上风方向，放下灭火器。

（2）使用前，先把干粉灭火器上下颠倒几次，使筒内干粉松动。

（3）对准火盆内燃烧的可燃物，进行灭火练习。

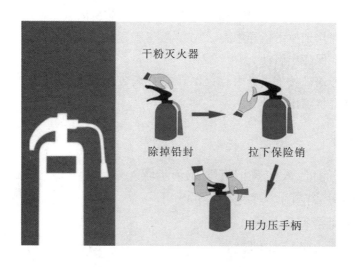

**3. 注意事项。**

（1）使用内装式或贮压式干粉灭火器时，应先拔下保险销，一只手握住喷嘴，另一只手用力压下压把，干粉便会从喷嘴喷射出来。

（2）灭火过程中应始终保持直立状态，不得横卧或颠倒使用，否则不能喷粉。

（3）用干粉灭火器扑救流散液体火灾时，应从火焰侧面对准火焰根部喷射，并由近而远，左右扫射，快速推进，直至把火焰全部扑灭。

（4）用干粉灭火器扑救容器内可燃液体火灾时，也应从火焰侧面对准火焰根部，左右扫射。当火焰被赶出容器时，应迅速向前，将余火全部扑灭。灭火时应注意不要把喷嘴直接对准液面喷射，以防干粉气流的冲击力使油液飞溅，引起火势扩大，造成灭火困难。

（5）用干粉灭火器扑救固体物质火灾时，应使灭火器嘴对准燃烧最猛烈处，左右扫射，并应尽量使干粉灭火剂均匀地喷洒在燃烧物的表面，直至把火全部扑灭。

学习
笔记

## 图书在版编目（CIP）数据

乡村旅游服务员 / 丁鸿主编 . —北京：中国农业
出版社，2015.12
农业部新型职业农民培育规划教材
ISBN 978-7-109-21123-0

Ⅰ.①乡… Ⅱ.①丁… Ⅲ.①乡村－旅游服务－技术
培训－教材 Ⅳ.①F590.63

中国版本图书馆 CIP 数据核字（2015）第 268447 号

中国农业出版社出版

（北京市朝阳区麦子店街 18 号楼）

（邮政编码 100125）

责任编辑 司雪飞 张德君

北京通州皇家印刷厂印刷 新华书店北京发行所发行
2015 年 12 月第 1 版 2015 年 12 月北京第 1 次印刷

开本：720mm×960mm 1/16 印张：9.75
字数：125 千字
定价：25.00 元
（凡本版图书出现印刷、装订错误，请向出版社发行部调换）